富硒蔬菜高效栽培
与深加工关键技术研究

王道波　著

NORTHEAST NORMAL UNIVERSITY PRESS
WWW.NENUP.COM

东北师范大学出版社

图书在版编目 (CIP) 数据

富硒蔬菜高效栽培与深加工关键技术研究 / 王道波
著. — 长春 : 东北师范大学出版社, 2019.6
ISBN 978-7-5681-6014-8

Ⅰ. ①富… Ⅱ. ①王… Ⅲ. ①蔬菜园艺—研究②蔬菜
加工—研究 Ⅳ. ① S63 ② TS255.3

中国版本图书馆 CIP 数据核字 (2019) 第 133284 号

□ 责任编辑: 马 蓉　　　　　□ 封面设计: 优盛文化
□ 责任校对: 杜兴华　　　　　□ 责任印制: 吴志刚

东北师范大学出版社出版发行
长春市净月经济开发区金宝街 118 号 (邮政编码: 130117)
销售热线: 0431-84568036
传真: 0431-84568036
网址: http://www.nenup.com
电子函件: sdcbs@mail.jl.cn
定州启航印刷有限公司印装
2019 年 6 月第 1 版　2019 年 6 月第 1 次印刷
幅画尺寸: 170mm×240mm　印张: 15.25　字数: 273 千

定价: 68.00 元

前　言

硒是人体的必需元素。有研究表明，每日摄硒量达到 200 μg 可以降低癌症的患病率和死亡率，尤其是前列腺癌、结肠癌以及肺癌。我国三分之二的人口存在不同程度的硒摄入量不足问题。欧洲人每日从食物中摄入硒总量的一半以上来自肉类制品、水产、面包、其他焙烤制品和乳制品，而蔬菜、水果、大米、面食等提供的硒还不到总摄入量的 10%。与欧美国家饮食结构不同，我国的饮食结构恰恰是以粮食和蔬菜为主，因此提高蔬菜和粮食中硒的含量对我国大众的健康具有普遍意义。

富硒蔬菜是指通过生物转化的方法，在植物的自然生长阶段，有机地将硒元素导入植物的体内，从而生产出有机硒含量较高的蔬菜。说到富硒蔬菜的营养价值，我们要先了解硒元素和蔬菜生长之间的密切关系。一般来说，蔬菜种子经过适宜浓度的硒处理，可以更好地萌发。近年来，富硒蔬菜的保健作用越来越受到人们关注。研究发现，进食生物硒是最为安全有效的，而且富硒蔬菜中的硒主要以有机硒的形态存在，更容易被人体吸收。另外，蔬菜中的硒含量还与土壤有关。蔬菜能从土壤中吸收利用的硒主要包括有机硒、硒酸盐和亚硒酸盐等有效态的硒，酸性越强的土壤对硒的吸附固定能力越强。土壤中的硒含量还与有机质含量呈正相关，因此选择酸性强且有机质含量高的土壤种植蔬菜，有利于提高蔬菜中硒的含量。

食物中硒的含量受土壤中硒含量影响很大。土壤含硒量在 0.6 mg/kg 以下，就属于贫硒土壤，我国绝大部分的土壤都属于贫硒或缺硒土壤。目前，我国已发现的富硒地区有海南省、湖南湘西、湖北恩施、陕西安康、贵州开阳、浙江龙游、山东枣庄、四川万源、江西丰城等，其中海南省富硒面积达到 9545 平方千米。中国营养学会对我国 13 个省市做过一项调查，结果表明，中国居民日常硒的平均摄入量为 26～32 μg/d，与中国营养学会推荐的最低值 50 μg/d 相距甚远。

因此，开发经济、方便及适合长期食用的富硒食品势在必行。

本书详细介绍了富硒蔬菜的现状、意义及发展前景等，以期帮助人们充分认识、了解富硒蔬菜。本书将从富硒蔬菜的概念、种类、环境选择、种植过程、管理方法、疾病防治、加工与运输等方面进行系统介绍。本书内容全面，可为富硒蔬菜种植者提供技术支持与重要参考，还可供高等学校相关专业师生参阅。

编者在编写过程中尽量收集富硒蔬菜的相关信息以及最新的科研成果，但是不免有些疏漏，加上编者水平所限，不足之处在所难免，敬请各位读者批评指正，不胜感谢。

王道波

2018. 11

目 录

第一章　绪　论

第一节　富硒蔬菜

一、硒与人体健康

硒是人体不可或缺的营养元素，缺硒会引发人体多种疾病。

硒是由瑞典科学家在 1817 年发现的，它作为谷胱甘肽过氧化物酶的重要组成部分，能够清除自由基和延缓衰老，对人体健康至关重要。目前，硒已被公认为人体必需的微量元素。人类膳食中缺乏硒，会导致心脏病、克山病、白内障等多种疾病。有学者发现，硒的缺乏与不良情绪以及癌症的发生都有一定的关系。有学者对我国的总膳食结构进行了调查，结果显示，中国居民日常硒的平均摄入量是 26~32 μg/d，此摄入量低于我国营养学会推荐的硒适宜摄入量 50~250 μg/d；甚至在有些地区，居民硒的摄入量不足推荐量的二分之一。硒摄入量较低对我国居民的健康造成重大威胁。

(一) 硒的抗衰老作用

硒是构成谷胱甘肽过氧化物酶（GSH－Px）的重要成分，它可以催化还原型谷胱甘肽（GSH）变成氧化型谷胱甘肽（GSSG），使有毒的过氧化物变为无毒的羟基化合物。在 GSH－Px 的催化作用下，过氧化氢（H_2O_2）逐步被分解成水（H_2O）等无害物质，对细胞起到保护作用，使其不被过氧化物损伤。特别是在对细胞和细胞器如线粒体、微粒体、溶酶体的膜的保护中，硒的抗氧化功能起到非常重要的作用。生物自身具有一个非常大的生物膜系统，生物膜系统中的各种膜能够为生物正常的生命活动提供基本的场所，而细胞又是组成生物体的基本单位，因此硒在生物体内保护膜和细胞的作用显得极为重要。

1956年英国学者Denham Harman提出了自由基学说，他认为机体正常代谢会产生自由基，自由基过量积累会损害机体细胞而引起衰老。硒进入人体后会与蛋白质结合形成硒酶，阻断自由基的致病作用，从而起到延缓衰老的作用。孟惠平等人的研究证实了膳食中添加硒元素能起到延缓衰老的作用，目前还有很多研究证实了硒的抗衰老功能。

（二）硒的抗癌作用

20世纪70年代初人们开始研究硒元素对动物和人免疫功能的影响。研究发现，动物缺硒会导致其免疫功能降低。当机体缺硒时，T淋巴细胞和B淋巴细胞的增殖与分化以及对有丝分裂原的反应会受到抑制，淋巴因子的分泌量会减少，这使得T淋巴细胞与自然杀伤细胞对癌细胞的杀伤能力下降，严重影响吞噬细胞对病原体的吞噬及杀伤作用，生物体的抗病能力大幅度降低。因此，人类适当补充硒元素，能够提升自身的免疫能力。

医学研究表明，硒不仅能抑制多种致癌物质的致癌作用，而且能及时清理有害自由基，保护细胞膜不受损害，预防肿瘤的病变。早在1988年就有学者通过研究发现，硒能抑制化学致癌物诱发肿瘤，低硒水平会增加癌症发病的危险。后来的研究也证实了硒有抑制多种肿瘤生长的功能。

（三）硒的预防心脑血管疾病作用

动脉粥样硬化是冠心病、脑梗死、外周血管病的主要原因。脂质代谢异常是动脉粥样硬化的病变基础。大量研究表明，人体内皮细胞膜的脂质过氧化反应是造成内皮细胞损伤的主要原因，而硒元素可通过抗氧化作用，阻止或减轻脂质过氧化反应，降低体内过氧化脂质的含量，降低心脑血管病的发病率。调查发现，在美国、新西兰、芬兰等国家，低硒地区冠心病、高血压的发病率及脑血栓、风湿性心脏病、动脉硬化的死亡率明显高于富硒地区。缺硒与心血管疾病发病率密切相关，早在1994年就有学者研究发现心脏病的发病率与人体硒含量呈负相关，心脏病患者体内硒含量明显低于正常人。目前采用硒元素医治心绞痛、心肌梗死、冠心病、脑梗死、高血压、高血脂等疾病均取得了良好效果，这充分体现了硒对预防心脑血管疾病的积极作用。

（四）硒的解毒排毒作用

硒与体内的铅（Pb）、镉（Cd）、铬（Cr）、汞（Hg）等有毒金属离子结合后形成金属硒蛋白复合物，这样不仅能够消解诱导发病的有毒金属离子的毒性，同时有利于人体把这些离子排出体外。有研究表明，西瓜叶面喷施硒后对重金属镉和铅有拮抗作用，亚硒酸钠（Na_2SeO_3）的浓度分别为 4.0 mg·L^{-1} 和 2.0 mg·L^{-1} 时对镉和铅的抑制效果最好。还有研究表明，当水稻植株暴露在含镉和铅的环境条件下时，硒具有保护植株免受重金属损害的作用。

二、蔬菜富硒方式

（一）土壤栽培富硒法

土壤施硒是一种传统、简单的富硒方式。土壤施硒一般是在土壤中施用硒与磷钾的复合肥、煤灰或其他含硒物质。蔬菜对不同形态的硒，如硒酸盐、亚硒酸盐，有不同的活性吸收位点，因此根系对它们的吸收和运转机理不同。就 Se^{6+} 和 Se^{4+} 而言，Se^{6+} 为主动吸收，其在蔬菜体内的浓度超过其在外部环境中的浓度；Se^{4+} 为被动吸收，其吸收和积累情况都低于 Se^{6+}。相比于亚硒酸盐，蔬菜根部更易吸收和运转硒酸盐。目前，科研人员尚不能确定所有蔬菜根部对硒的吸收都存在主动吸收和被动吸收这两种方式，也不能确定亚硒酸盐的运转速率都比硒酸盐低。

影响蔬菜对土壤中硒吸收的因素有很多，其中最主要的因素是硒的存在形式，硒的存在形式又受土壤 pH 影响：在 pH 为 4.5～6.5 的土壤中，硒以一种难溶于水的亚硒酸铁盐的形式存在，蔬菜对其利用率很低；而在 pH 为 7.5～8.5 的土壤中，硒以一种可溶于水的硒酸盐的形式存在，蔬菜对其有较高的吸收利用率。土壤有机化合物的类型也会影响植物对硒的利用率，土壤中如腐殖质的添加会降低蔬菜对土壤中硒的利用率；而一些有机酸（如草酸和柠檬酸）的添加，将会提高蔬菜对土壤中硒的利用率。土壤类型对硒的吸收也有影响，随着土壤中黏土含量的减少，蔬菜对硒的吸收量逐渐增加。此外，硫的存在也会影响蔬菜对硒的吸收，在低硒的土壤条件下，硒能替代蛋白质中的硫，故一些富硫的蔬菜对硒也有较强的吸收能力。

（二）叶面喷洒富硒法

通过对叶面喷洒硒，硒元素可以从蔬菜被喷洒的部位转移到其他部位，但此过程需要一定的能量。研究发现，在喷硒处理的蔬菜体内，会形成一条"外部叶子→内部叶子"运输硒的通路。在此通路中，线粒体的活动增强，能量的消耗增多。蔬菜的生长阶段会影响叶面的喷硒效果，因此要求喷硒处理要在蔬菜特定的生长阶段进行。此外，不同季节及肥料的类型，也会影响蔬菜对喷洒的硒的吸收和转化。

（三）溶液培养富硒法

在溶液培养富硒的过程中，硒以阴离子的形式从培养液转移到蔬菜根部，再从根部转移到茎和叶等部位。硒在植物内部的转移，与硒在土壤中的转移机理一致。在此应注意要根据蔬菜的不同生长阶段使用不同浓度的培养液。

（四）拌种富硒法

拌种富硒可增加蔬菜体内硒的含量。由于硒与某些含硫氨基酸有一定关系，在拌种富硒的蔬菜中，硒含量随含硫氨基酸的增多而增加。此外，有研究人员认为，蔬菜的氮固定系统及有益的根际微生物，与植物中硒的含量也有紧密联系，但具体机理还有待进一步研究。

三、富硒蔬菜的特点

富硒蔬菜是富含硒元素的蔬菜，即在作物的自然生长阶段，用不同的方法把微量元素硒导入作物体内，通过生物转化后产出含有较高有机硒的蔬菜。富硒蔬菜的硒含量明显高于普通蔬菜。2016 年，有学者采用水培方式，研究小白菜对硒的富集能力，结果表明，供试的 3 个品种的小白菜富集硒的能力虽存在差异，但它们的硒含量均显著高于普通的小白菜。对小白菜的进一步研究表明，小白菜的硒含量与培养液中的硒的浓度呈显著正相关，在芽苗菜中这种关系更显著，其硒含量是普通芽苗菜的 10 倍。类似的实验结果还在芥菜、大蒜和薤菜等植物中得到了证实。还有实验表明，培养液中硒浓度越高，蔬菜中硒含量越高。

硒的保健价值越来越受到人们关注，进食生物硒是最安全有效的补硒方法，蔬菜中的硒主要是以有机硒的方式存在的，其生理活性高，人们在食用富硒蔬菜时容易将其吸收利用。富硒蔬菜具有很好的营养价值和保健功能，对一些硒元素缺少导致的相关疾病有预防和治疗作用。目前，人们对硒元素的医疗、保健价值的关注日益增加。

第二节　对富硒蔬菜的相关研究

为了提高人体硒的含量，研究人员把注意力转向了富硒食品，研发了一系列富硒制品，如自然转化硒制品、人工转化硒制品、含硒农作物、高科技纳米硒等。研究发现，利用蔬菜的有机转化途径增加食物中硒的含量，是提高人体硒含量的根本措施。蔬菜是我国居民的主要植物性食物，可提供人体所需要的多种营养物质，萝卜、油菜等十字花科蔬菜较其他植物有较高的富集硒的能力。因此，提高某些蔬菜中硒的含量，对我国居民的健康具有一定的现实意义。目前，通过增施外源硒来提高蔬菜中硒的含量，是富硒蔬菜的研究热点。

一、硒对植物生长发育的作用

（一）硒对植物种子萌发的作用

在植物种子的萌发过程中，以适宜浓度的硒对种子进行处理，会促进种子萌发，但当添加的硒浓度过高时，会对种子产生毒害作用，种子受损萌发停止。研究表明，将白菜种子置于低浓度的亚硒酸钠溶液中进行萌发，其对种子表现为促进作用，但将白菜种子置于高浓度的亚硒酸钠溶液中进行萌发，其对种子表现为抑制作用，种子的萌发能力下降。有学者使用番茄种子作为研究对象开展硒元素对种子萌发的影响实验，进一步证实了高浓度硒对种子萌发有抑制作用，而低浓度硒对种子萌发有促进作用。

（二）硒对植物生长的作用

硒对植物生长的作用，主要和硒浓度的高低有关。有学者以小白菜为研究对象，在小白菜的培养过程中对小白菜添加不同浓度的亚硒酸钠和硒酸钠溶液，观察它们对小白菜生长的影响，结果表明，低浓度的硒能够对小白菜生长起到促进作用，而高浓度的硒会产生抑制作用。在研究过程中研究人员还发现，亚硒酸钠的有效性及其毒害作用都比硒酸钠小。另有研究人员以小白菜为实验对象，研究发现，当所添加的营养液中硒浓度低于 $1.0~mg \cdot L^{-1}$ 时，其能够对小白菜的生长起到促进作用，但是营养液中硒浓度高于 $2.5~mg \cdot L^{-1}$ 时，其对小白菜的生长会起到抑制作用。

（三）硒对植物抗逆性的作用

植物在逆境中遭到损伤时，自由基生成量会增加，而适量的硒能够将过多的自由基清除。如今土壤盐渍化日益加重，植物的生长受到抑制，植物的产量以及品质等也受到严重影响，但是添加硒元素能够有效地缓解土壤盐渍化给植物带来的伤害。有研究发现，在不同浓度的盐溶液中培养生菜时，培养液中添加硒能在不同程度上减少盐胁迫给生菜带来的伤害，添加硒元素后的生菜生物量较对照组均有提高。硒除了能够在植物受到盐胁迫时起到缓解作用外，还可缓解植物所受到的重金属毒害。有学者在培养液中添加硒溶液研究铅对豌豆苗生长的影响，结果表明，在硒溶液浓度低于 $1.0~mg \cdot L^{-1}$ 时，其能使铅对豌豆苗的胁迫影响减弱，但是随着所添加硒溶液的浓度的增加，当添加的硒溶液浓度高于 10 mg·L^{-1}时，硒的缓解作用消失，反而与铅形成协同作用，使豌豆苗的毒害作用加重。还有学者通过添加硒元素缓解镉对豌豆苗影响的实验发现，添加低浓度硒能够缓解且促进豌豆苗生长，添加高浓度硒则会协同镉一起对豌豆苗产生毒害作用。

二、富硒蔬菜的硒含量及其标准

（一）蔬菜中的硒含量及分布

不同种类的蔬菜，硒元素含量不同，在同种蔬菜中，不同位置硒含量也不相同。研究发现，常见的叶菜类植物的硒含量要高于果菜类植物（如菠菜、小白菜、生菜等叶菜类植物的硒含量均高于番茄、黄瓜等果菜类植物）。不同类型的蔬菜中，蔬菜可食用部分硒含量的排序：葱蒜类＞白菜类＞绿叶菜类＞豆类＞瓜类＞薯芋类＞茄果类。经硒处理后的番茄根系能够很快将硒吸收，而且能将其运送至番茄植株的各个器官，番茄根系吸收硒元素的时间越长，硒元素的吸收及运输的总量就越多，因此蔬菜硒含量在蔬菜各部位分布排序为茎＜叶＜根。在蔬菜开花结果时期，其所积累的硒含量在其各部位的顺序为根＞果实＞花＞茎＞叶。

（二）蔬菜中的硒含量与土壤的关系

土壤中的有机硒、硒酸盐和亚硒酸盐等有效态的硒可供蔬菜吸收利用。在不同类型的土壤中，有效态的硒含量由低到高的排列为棕壤土、褐土、潮土。土壤中的硒分布及有效性受土壤酸碱度及其氧化还原状态影响，土壤对硒的吸附固定能力随土壤酸度的增强而提高。硒含量还与土壤中有机质含量有关，有机质含量越高，硒含量越高。在酸性土壤或有机质含量高的土壤中种植蔬菜，蔬菜中硒元素的含量颇为丰富。

（三）提高蔬菜中硒含量的研究

当前，在对提高蔬菜中硒含量的研究中，研究人员应用最多的方法是通过喷施硒来增加蔬菜中硒元素含量。研究发现，对青花菜、胡萝卜和大蒜等进行叶面不同含量的硒液喷施，能够有效地提高蔬菜中的硒含量，外界喷施硒的浓度与蔬菜中硒含量呈正相关。有学者通过研究发现，对豆芽菜喷施硒时，豆芽菜的含硒量随着硒浓度的增加而增高。有学者发现对小白菜施用葛林美腐植酸有机复合液肥，小白菜的硒含量增加。还有学者发现，经过薄膜覆盖处理的豌豆硒含量减少。

（四）富硒蔬菜的标准

1973 年世界卫生组织宣布硒是人体必需的微量元素之一。人体内硒的总含量说法不一，有研究者认为是 6 mg，还有人认为是 14～21 mg。硒在人体内除了脂肪外的所有组织中均有分布，但各组织内的硒含量各不相同，肝脏、肾脏、心脏、脾脏及指甲等的硒含量较大。在第一届关于"硒在生物学和医学中作用"的国际学术讨论会上，专家们建议一个成年人每天摄入硒的含量不得低于 60 μg。相关的营养学家也指出，人体血液中的硒含量应该为 0.11 μg·g^{-1}，并将此数值定为标准值。当人体血液中的硒含量低于 0.11 μg·g^{-1} 时，人就有可能得缺硒症，它会使人体的各项机能下降。中国营养学会制订出一份人体每天摄入硒的含量标准，如表 1-1 所示。

1989 年，中国营养学会就人体对硒的适宜摄入量进行明确规定，人体每天摄入硒的量应该为 50～250 μg，而所对应的人体全血硒含量为 0.1 mg·L^{-1}～0.34 mg·L^{-1}。因此，硒的安全摄入剂量为 400 μg·d^{-1}，当摄硒量达到 800 μg·d^{-1} 时，视为中毒。人体对硒的需求量与达到中毒的剂量间的范围较小，我国在现有研究成果上制定了食品中硒限量卫生标准，蔬菜的含硒量应小于等于 0.1 mg·kg^{-1}。研究发现，在我国的大部分蔬菜产品中，其可食用部分的硒含量普遍偏低，因此对富硒蔬菜还需进一步深入研究。

表 1-1　中国营养学会公布的硒需要量

序号	硒的人体需求	需要硒量（μg·d^{-1}）	全血硒含量（mg·L^{-1}）
1	硒的最低需求量	17	约 0.005
2	硒的生理需求量	40	约 0.1
3	硒的界限中毒量	800	约 1
4	推荐膳食供给范围	50～250	约 0.1～0.4
5	膳食中硒的最高安全摄入量	400	约 0.6

三、富硒蔬菜和有机蔬菜的比较

富硒蔬菜和有机蔬菜是有区别的。

富硒蔬菜就是通过生物转化方法，在植物的自然生长过程中，有机地将硒元素导入植物体内，从而生产出有机硒含量较高的蔬菜。

有机蔬菜是指来自有机农业生产体系，根据国际有机农业的生产技术标准生产出来的，经独立的有机食品认证机构认证允许使用有机食品标志的蔬菜。

（1）相同之处

第一，两者的生产基地（即环境）都没有遭到破坏，水（灌溉水）、土（土壤）、气（空气）没有受到污染。第二，两者的产后环节（包括采收后的洗涤、整理、包装、加工、运输、储藏、销售等）没有受到二次污染。

(2) 不同之处

有机蔬菜在整个生产过程中都必须按照有机农业的生产方式进行，也就是在整个生产过程中必须严格遵循有机食品的生产技术标准，生产过程中完全不使用农药、化肥、生长调节剂等化学物质，不使用基因工程技术，同时必须经过独立的有机食品认证机构全过程的质量控制和审查。因此，有机蔬菜必须按照有机食品的生产环境质量要求和生产技术规范来生产，以保证它的无污染、富营养和高质量。

第三节　富硒蔬菜栽培中出现的问题

一、富硒蔬菜栽培中的主要问题

（一）肥　源

砷元素在自然界中含量极为丰富。除发现少量的砷单质外，砷元素还广泛存在于熔积岩和沉积岩中，包括硫化物矿、氧化物矿、砷酸盐矿等。此外海水、地下水、土壤和人体内都含有微量的砷。砷元素不是人体必需的元素，长期接触可能造成砷中毒。近年来，由于矿产开发排废和其他工业污染的加剧，大量砷进入了环境循环中，土壤和地下水中砷的含量不断增加，对人类身体健康造成极大隐患。因此，砷污染已经成为一个人类目前非常关注的公共健康问题。

目前富硒蔬菜种植基地大都参照绿色无公害蔬菜基地建设，施用肥料时采用鸡粪等农家肥，这就让动物排泄物中的药物残留进入了蔬菜转运体系，而且人工合成的有机砷药物可能污染富硒蔬菜，从而进入食物链，危害人类健康。因此，在富硒蔬菜的种植过程中应加强原料和产品中人工合成有机砷的检测。

（二）病虫草害

在富硒蔬菜生产过程中，病虫草害一直是直接影响作物栽培成败的关键问题，也是一个迫切需要解决的难题。要想将富硒蔬菜生产过程中的病虫草害控制在一个较低的水平，就需要我们大力开拓新型的防治手段。例如，培养作物自身抗性，研发生物农药，改进物理和农业防治手段等。

（三）经济效益

在富硒农业生产初期，生产中的一些关键技术尚未得到有效解决，配套服务体系还未形成，又没有得到相应的优惠政策，因此投入高、产出低、经济效益差成为制约富硒农业初期发展的重要原因。

（四）消费习惯

目前广大消费者对富硒农业和富硒食品还不够了解，并且富硒食品的价格相对较高，导致消费者对富硒食品难以接受，这也制约了富硒农业的发展。

二、富硒蔬菜开发中的主要问题

（一）富硒技术方面

外源富硒技术种类虽多，但各有其优缺点。土壤施硒虽然操作简单，适合大田试验，但浪费严重，不提倡使用。叶面施硒可避免土壤对施硒效果的干扰，大幅度降低了硒的施用量，但叶面富硒法的成本较高，容易造成二次污染。溶液培养富硒相较于土壤施硒，可使蔬菜在低浓度的外源硒条件下拥有更高的硒含量，但此方法对操作设备、环境条件等有很高的要求。鉴于土壤施硒中硒与肥料的难混合，以及叶面施硒的高成本，拌种富硒法应运而生。目前，拌种富硒法仍有诸多技术（如降低液态硒的高添加量的技术、改善多年生植物不能富硒拌种的技术）需进一步研究。因此，在选择蔬菜富硒方式时，必须结合蔬菜自身的条件，综合考虑各种富硒方式的优缺点。

（二）国家政策方面

我国虽制定了《中国富硒食品硒含量分类标准（试行）》，严格规范与控制富硒食品中硒的添加量，但是富硒肥料产品无统一的硒含量标准和使用规范，导致我国富硒肥料市场混乱。因此，富硒研究者或使用者在操作过程中一定要注意硒元素的施用量，避免污染环境，也避免对人体、动物体产生危害。

（三）国民意识方面

由于全民补硒的意识还没有形成，相关的教育也较为薄弱，如今富硒蔬菜主要面向的是高端消费群体。有调查数据显示，人们对富硒产品的接受程度与收入、文化程度呈正相关。在传统观念上，我国自古就是农业大国，让居民改变传统观念而接受"富硒蔬菜"，是开发富硒蔬菜中存在的难题，而使"蔬菜富硒"这一新概念深入人心，更将是一个漫长的过程。

三、蔬菜种类及农药残留情况

2010 年对黑龙江省伊春市南岔区种植的大田农作物叶菜类——白菜，瓜果类——黄瓜，根茎类——萝卜、土豆进行农药残留检测。结果表明，在所检测的蔬菜中，大白菜、黄瓜的检出率为 21.55%～86.45%，萝卜、土豆中均未检测到农药的存在。

在农药残留检测中，农药检出率最高的是百菌清、联苯菊酯、氯氰菊酯，检出率分别为 0.11%、0.88%、0.22%。其次是残杀威、敌敌畏等农药，检出率为 0.01%～1.06%。丙溴磷、哒嗪硫磷、对硫磷、伏杀硫磷、高效氯氟氰菊酯等在蔬菜样品中均未检出。

硒对农作物具有刺激生长、增强生理活性、提高产量、改善品质、降低农药残留的功效。硒盐有降农残和重金属的作用。富硒复合肥中含有硒盐，将其施于植物根部，被吸收后硒元素迅速进入植物细胞，刺激细胞蛋白酶产生特殊的生理活性，加速细胞的排异功能，同时加速农药（高分子碳氢化合物）分子链的老化、断裂，使残留农药在较短的时间内改变结构失去毒性，分解成自然界的基本元素碳和氢，消除农药残留对人类的危害。降解农残的过程是植物细胞被激活后的生理作用促进理化作用的过程。这个过程体现的是细胞生理学原理，而不是化学反应原理，故不会产生化学反应后的"衍生物"。

第四节　富硒蔬菜的发展前景

一、我国富硒蔬菜的开发利用现状

我国硒资源储量丰富，但地理分布不均匀，城乡居民硒摄入量不足，是公认的缺硒大国。我国富硒农业尚处于起步阶段，相应的研究、统计数据不多，市场分析及经济需求分析较少。但近年来，人们对硒元素的认识逐步加深，我国富硒农产品备受关注和青睐，呈现广阔的发展前景。据有关部门统计，我国的富硒农产品工业总产值以每年 9.3%～13.1% 的速度递增。

二、我国富硒蔬菜的开发成果

近年来，国内的富硒产业蓬勃发展。据国家相关部门的统计数据显示，2006

年—2011年，我国的富硒农产品工业总产值以每年约10％的速度增长。表1-2是我国主要富硒地区已产业化的富硒蔬菜种类统计表。

表1-2 我国已产业化的部分富硒蔬菜

地 区	富硒蔬菜种类
山东济南章丘区	大葱
广西北海海城区	圆白菜
湖北省恩施州咸丰县	红菜薹
湖北襄阳市	黄瓜
陕西省安康市	黄瓜、芹菜
重庆市江津区	时令蔬菜、黄秋葵、五彩番茄
青海海东平安区	春油菜、马铃薯、紫皮大蒜
山东省寿光市	黄瓜、番茄、辣椒、水果黄瓜
山东济南历城区	大葱、豆角、韭菜、菜花、萝卜
湖南省永州市新田县	菜心、红皮萝卜、香姜、辣椒、串铃南瓜、茄子、苦瓜、番茄

三、对富硒蔬菜的展望

硒是人体必需的一种微量元素，国内外医药界和营养学界研究者认为，硒元素为"生命的火种"，同时享有"长寿元素""抗癌之王""心脏守护神""天然解毒剂"等美誉。开发利用硒元素资源，生产富含硒元素的农副产品及其保健产品，有助于硒元素比较匮乏地区的人们补充身体内所缺少的硒元素。富硒蔬菜是目前最为常见的富硒产品。

富硒蔬菜，以食补代替药补，这种补硒方法不但安全方便，而且补硒效果明显。同时蔬菜较其他农作物方便易得，成本低，便于商业化推广。但目前利用蔬菜将无机硒转化为有机硒的这种方法还处于试验阶段，到最终实现其商业化推广仍需一个长期的过程。蔬菜富硒方法存在的不足以及每种蔬菜适合的具体富硒方法等问题，有待在种植过程中进一步解决和改善。因此，解决这些技术难题，从而为开发易被人体吸收利用且含硒丰富的植物性食品提供理论依据和实践参考，将是研究的主要方向。

目前，在对富硒蔬菜的研究过程中，对蔬菜进行补硒的方法较为单一，主要采用在蔬菜叶面喷施含有硒元素的叶面肥等方法。在今后的研究中，我们可以引入相关的生物技术手段，选育含硒量较高的蔬菜品种进行种植。在富硒蔬菜的研究中，我们对蔬菜中硒的代谢机制研究较少，这方面还有待于进一步研究。例如，蔬菜生长过程中硒的主要吸收形态，其吸收、运输、积累、分解利用等一系列生理生化过程，以及相关过程的生物信息学调控机制等。蔬菜中的硒主要是从土壤中吸收来的，但是土壤中存在多种制约因素影响蔬菜对硒元素的吸收，如土壤中的硒含量、土壤的酸碱度、土壤中硒的形态等。因此，我们需要进一步开展提高土壤中有效硒含量、根据蔬菜自身的生理特点和代谢规律选择适宜的方案开发新型富硒肥料等方面的研究，以提高蔬菜对硒的吸收利用效率。

富硒蔬菜有安全方便、补硒效果好、相比其他农作物方便易得、成本低、便于商业化推广、以食补代替药补等优点。目前富硒蔬菜栽培技术方法存在的不足以及不同蔬菜适合的具体富硒方法等问题亟待解决和改善。富硒蔬菜的开发利用需要农牧业、医学、地质行业等多学科多部门共同协作，需要食品安全、疾病预防控制等多领域配合完成，学科间的交流与合作、数据共享显得尤为重要。政府及相关科研单位需普及推广科学补硒、安全补硒知识，积极宣传富硒蔬菜与人体健康的关系，加强人们对补硒的正确认识，提高人们对富硒蔬菜的辨别能力，使补硒观念深入人心。

第二章　硒在蔬菜中的富集及生理影响

第一节　蔬菜的叶面富硒

目前，叶面喷施富硒方法已经被广泛应用到农业生产中，但有研究表明，并非所有植物都能通过无机硒溶液叶面喷洒的方法来达到给农作物富硒的效果。芸薹属植物和葱属植物被认为是富硒植物，通过叶面喷施可以达到良好的效果。

不同种类的植物对硒的吸收能力和转化途径均有差别。富硒植物可以分为两大类：一种是硒非积累型植物，含硒量与土壤硒含量直接相关，如大多数的谷类，有机硒主要以硒代蛋氨酸形式存在；另一种是硒积累型植物，如十字花科植物，这些植物常以甲基形式如硒甲基硒代半胱氨酸、γ—谷酰胺甲基硒代半胱氨酸等形式存在。这些含硒组分大部分储存在膜结合结构中，只有很小一部分与植物蛋白结合。

植物中的硒被人体摄入后有三种可能的代谢途径：①以硒代蛋氨酸的形式取代蛋氨酸进入蛋白质结构中；②以硒酸盐或亚硒酸盐形式被还原成硒醚，随后以硒代半胱氨酸形式进入硒蛋白；③被还原成硒醚后再甲基化，最终主要以尿的形式（也可通过呼吸）被排出体外。由于不同硒化合物代谢的途径不同，生物体摄入硒的形态决定了其在人体内的生理作用。硒酸盐和亚硒酸盐以及硒代半胱氨酸进入硒蛋白比较容易，但硒蛋白的表达是受调节的，因此，硒的积累不会超出一定的界限。而硒代蛋氨酸是取代蛋氨酸进入蛋白质的，结合较稳定，它将会在蛋白质组织例如肌肉中积累，因而硒代蛋氨酸引起的硒负担比硒代半胱氨酸要大得多，因此有人认为体内过多的硒代蛋氨酸积累可能会对身体造成伤害。某些植物能够积累甲基化的硒化合物，例如，硒甲基硒代半胱氨酸。硒的这一形态容易被分解成硒醇而进入排泄系统，故在体内只造成有限的积累而不至于产生毒性。

植物中的硒化物属于生物不稳定物质，在酶、光和热等因素的作用下，硒化物之间会通过酶促途径或非酶途径发生相互转化，如硒代蛋氨酸可以通过转硫化途径生成硒代半胱氨酸，硒代半胱氨酸在裂解酶的作用下会降解生成硒化氢，硒甲基硒代半胱氨酸在裂解酶的作用下会形成挥发性的甲基硒，或者进一步形成二甲基硒和三甲基硒。

基于微量元素硒的功能性，缺硒的普遍性以及植物富硒产品的优越性，结合我国目前蔬菜加工的大品种、主流产品和主体设备等情况，对果蔬生长和加工过程中有机硒的存在形式、迁移转化机理以及保护措施等方面进行深入研究，来提高我国蔬菜加工行业的高新技术含量，开发具有自主产权的、含有机微量元素蔬菜型功能食品，具有十分重要的意义。

目前尚不能人工合成氨基酸结合型有机硒，有研究表明植物可以从土壤中吸收硒或者直接吸收叶面喷施的硒，经过代谢以有机硒形式储存在体内。因此，叶面喷硒比直接在膳食中添加无机硒安全可靠，生物利用率高。无机硒进入生物体内的代谢途径是复杂的，主要有两种途径：酶促和基因表达。前者是含硒组分通过酶的催化作用如还原、甲基化等反应完成硒代氨基酸的合成。后者是硒组分通过基因表达合成有机硒，如由 UGA 密码子编码合成硒代半胱氨酸。

植物可以吸收土壤中或者叶面喷施的硒，经过代谢途径以有机硒形式储存，这比直接在膳食中添加无机硒安全可靠，生物利用率高。相对于土壤施硒来说，通过叶面喷施硒化合物溶液对农作物富硒的方法更为安全稳妥。同时，土壤施硒受到土壤的酸碱度、土壤颗粒的粒径、降雨量等诸多因素的影响，硒的累积量波动大，施硒效果难以保证。

一、材料与方法

(一) 试剂与设备

1. 试剂

2，3—二氨基萘，购自美国 Fluka 公司；硝酸、硫酸、高氯酸、氢溴酸、氨水等，均购自国药上海试剂公司。

2. 仪器

F76 荧光光度计	上海棱光仪器公司
组织捣碎机	上海市精密仪器仪表有限公司
食品打浆机	广东港美食品机械厂
高速离心机 HITACHI CR22G	日本 HITACHI 公司
TN 型托盘扭力天平	上海第二天平仪器厂

PHB-4 型酸度计	上海精科实业有限公司
101-2 型电热鼓风干燥箱	上海市仪器商店
EZ585Q 型冷冻干燥仪	美国 FTS System 公司

（二）毛豆的富硒

1. 土壤富硒方法

选用在浙江省上虞海通农产品有限公司种植基地的"春绿毛豆"。每处理 5 m²，随机设计重复三次，土壤样品 0～30 cm 采用对角线法分层采样后按土层混合，土壤硒含量为 0.15 $\mu g/g$，其中水溶性硒 0.01 $\mu g/g$，土壤 pH 为 5.1，亚硒酸钠的施肥量为 0 kg/hm²、0.25 kg/hm²、0.5 kg/hm²、0.75 kg/hm²、1.0 kg/hm²，将硒溶液采用条施法加入土壤中，从富硒处理到采收的气温在 20～30 ℃，10 天后采收地上部嫩叶，采样采用梅花点法，设分点 5 个，混合均匀测定含硒量。

2. 溶液培养富硒

将脱脂棉展开放在合成树脂的托盘中，托盘大小为 20 cm×35 cm×5 cm，分别加入 200 mL 含硒量为 0 mg/L、1.0 mg/L、5 mg/L、10 mg/L、20 mg/L 的亚硒酸钠溶液，使之渗透脱脂棉中，毛豆种子撒在湿润的脱脂棉上，将容器用聚氯乙烯膜密封以防水分蒸发。将容器放在温度为 25 ℃黑暗房间中培养直到所有种子都开始发芽，然后移入温度为 25 ℃光亮的房间培养，第 8 天收获。

3. 叶面富硒方法

基地的土质为水稻土，土壤中硒的含量为 0.17 $\mu g/g$，其中 8×10^{-3} $\mu g/g$ 为可溶性的硒。用于毛豆叶面喷洒的硒溶液浓度分别为 25 mg/L、50 mg/L、100 mg/L、150 mg/L 和 200 mg/L。富硒处理时的气候条件为多云，从富硒处理到采收的气温在 20～30 ℃。每处理 5m²，硒溶液用量为 500 mL。前期处理与后期处理时间相隔为 30 天。前期处理 10 天后测定嫩叶中硒含量，采收后分别测定前期处理和后期处理豆粒的硒含量。所有处理方法均重复三次并采用随机整体模块设计法。不同处理方法之间用 1 m 宽的隔道分开以避免任何可能的交叉干扰影响。所有富硒处理均在下午三点进行。

（三）菜心的富硒方法

选用的菜心品种为早熟品种"全年心"，试验在浙江省慈溪市的海通农产品有限公司试验场进行。叶面喷施在菜薹的生长期，也就是采收前 7～10 天进行。试验田的土质为水稻土，土壤的含硒量为 0.18 $\mu g/g$，其中可溶性硒为 6×10^{-3} $\mu g/g$。对面积为 6 m²（2 m×3 m）的农田，喷洒的硒溶液为 400 mL。用于叶面喷洒的硒溶液的浓度分别为 50 mg/L、100 mg/L、150 mg/L、200 mg/L 和 300 mg/L。

为观察 pH 对富硒效果的影响，硒溶液用 0.2 mol/L 盐酸或 0.2 mol/L 氨水调节 pH 至 6、7、8。观察喷洒频率对富硒效果的影响时，第二次和第三次喷洒是在第一次喷洒后的 24 h 和 48 h 后进行的。所有处理方法均重复三次并采用随机整体模块设计法。处理整个过程的气候条件为阴天，气温在 12～20 ℃。

（四）甘蓝的富硒方法

甘蓝选用浙江省上虞海通农产品有限公司的试验基地的"和尚头"品种。分别在植苗后 15 天和结球前实施富硒。试验基地的土质为潮土，含硒量为 0.17 $\mu g/g$，其中可溶性硒为 4×10^{-3} $\mu g/g$。用于叶面富硒的硒溶液浓度分别为 25 mg/L、50 mg/L、100 mg/L、150 mg/L 和 200 mg/L。喷施 20 棵植株（面积为 7 m^2，5 m×1.4 m）的硒溶液的量为 600 mL。观察叶面喷洒频率和时间对富硒效果的影响时，第二次和第三次喷洒是在第一次喷洒后的 24 h 和 48 h 后进行的。所有处理方法均重复三次并采用随机整体模块设计法。富硒处理时的气候条件为阴天，在此期间的气温为 18～30 ℃。

（五）芦笋的富硒方法

选用江苏省南通市华联农产品有限公司芦笋种植基地的"UC800"绿芦笋。基地的土质为水稻土，土壤中硒的含量为 0.21 $\mu g/g$，其中 7×10^{-3} $\mu g/g$ 为可溶性硒。用于芦笋表面涂布的硒溶液浓度分别为 10 mg/L、25 mg/L、50 mg/L、100 mg/L 和 150 mg/L。芦笋的地面部分在富硒涂布的 3 天后采收。观察 pH 对富硒效果的影响时，硒溶液用 0.2 mol/L 盐酸或者 0.2 mol/L 氨水调节 pH 至 6、7、8。富硒处理时的气候条件为多云，从富硒处理到采收的气温在 20～30 ℃。每一处理方法均为 100 株芦笋。所有处理方法均重复三次并采用随机整体模块设计法。不同处理方法之间用 0.5 m 宽的隔道分开以避免任何可能的交叉干扰影响。所有富硒处理均在下午三点进行。

（六）分析测定方法

1. 总硒的测定方法

样品用自来水和去离子水反复冲洗后，吸干表面水分，将样品充分混匀打浆，用四分法取样，按照国家标准 GB/T 5009.93－2003 中的 2，3－二氨基萘（DAN）荧光分光光度法测定。

2. 有机硒的测定方法

四价硒的测定：取一定量样品于锥形瓶中，加入去离子水置于 50 ℃ 水浴中振荡浸提 2 h 后，过滤，用去离子水多次洗涤滤渣，与原先的滤液合并并定容到 100 mL 容量瓶中，调节 pH 至 1.5～2.0，采用 DAN 测定硒含量，所得值即四价硒含量。

六价硒的测定：样品加硝酸和高氯酸加热硝化后，加入去离子水定容至 100 mL 容量瓶中，取等体积样液加入具塞锥形瓶中，一份直接用氨水调节 pH 后测定硒含量，另一份加入浓度为 10% 的盐酸溶液，95 ℃ 水浴振荡加热 0.5 h 后，取出冷却，再用氨水调节 pH 后测定硒含量。两者之差为六价硒含量。

二、结果与分析

（一）不同富硒方法对毛豆硒累积量的影响

土壤施硒后对豆苗嫩叶中硒的含量进行测定，结果见图 2-1。

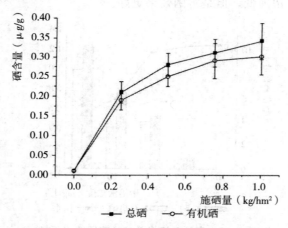

图 2-1　土壤施硒对豆苗中硒的累积量的影响

从图 2-1 中可以看出，随着土壤施硒量的增大，豆苗中总硒和有机硒的含量随之升高。从图 2-1 中还可以看出，豆苗中硒累积量偏差比较大，这是因为在酸性土壤中 Se^{4+} 的吸附固定作用强烈，硒的生物利用率低，植株含硒量增加缓慢。土壤中的硒的有效性除了受它的形态影响之外，还与土壤类型、质地、pH、氧化还原电位、有机质含量等因素有关。硒施入土壤后，大部分被土壤中的氧化物迅速吸附固定，其中可溶性的硒含量较少。

蔬菜种植地长期大面积施用亚硒酸钠容易造成环境污染，而且土壤施硒对提高植株含硒量的作用较小。因此，不必采用太高的土壤施硒浓度，这样既可达到富硒效果，又能防止污染。另外，科研人员还必须对生态环境系统的各个因子（水、土壤、动植物等）硒的含量和累积情况做定期的检测，制订低硒土壤蔬菜种植地硒施用水平的调控模式。有人提出使用富硒专用肥料，将亚硒酸钠用壳聚糖、磷酸盐等物质配合，制成微胶囊将亚硒酸钠包埋其中，提高硒的生物相溶性和可降解性，这是未来土壤富硒的发展方向。

图2-2显示的是采用不同浓度亚硒酸钠溶液培养豆苗，豆苗中硒的累积量。当硒溶液的浓度大于5 mg/L时，豆苗的生长就受到抑制，尤其是当硒溶液的浓度达到10 mg/L时，豆苗的长度和重量只有对照豆苗的60%左右，因此，在进行溶液培养的时候，硒溶液的浓度在5 mg/L以下比较适宜。有科研人员研究硒对大蒜生长的影响时发现，在1 mg/L硒浓度范围内，硒促进大蒜的生长，与对照组相比，大蒜叶色浓绿，长势高且粗壮，但硒浓度超过1 mg/L时增重逐渐减少，硒浓度超过5 mg/L时，出现抑制现象。相对于土壤施硒处理来说，溶液培养所需的硒溶液的浓度低，但是富硒效果更好。

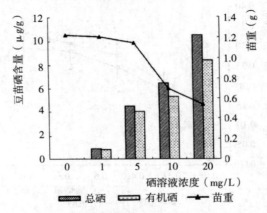

图2-2　富硒溶液培养中豆苗硒的累积量

从图2-2可以看出，豆苗浸泡生长采用5 mg/L的硒（亚硒酸钠形式）时，豆苗中总硒的含量可达4 μg/g。相对于土壤施硒处理来说，含硒溶液培养可以用较低的亚硒酸钠浓度，达到更高的产品硒含量。根据植株的生长状况，选用5 mg/L甚至更低的硒溶液培养浓度是比较适宜的，过高的硒浓度会抑制植株的生长。

硒酸盐和亚硒酸盐是造成非硒积累植物中毒的主要形式，因为这两种形式的硒容易被植物吸收和消化。硒在植物组织中积累的浓度过高将会对植物产生毒害作用的原因，可能是硒进入植株组织后会造成植物蛋白结构变化以及代谢的紊乱。硒原子取代硫原子形成硒代氨基酸、硒代半胱氨酸和硒代蛋氨酸，硒代半胱氨酸和硒代蛋氨酸取代了半胱氨酸和蛋氨酸被结合到蛋白质中。由于硫原子和硒原子大小和离子性质的区别造成的第三结构的变化，很可能对一些重要蛋白质的反应性能产生了负面影响。

叶面喷肥是根外追肥的主要方法，即将肥料溶解在水中，喷洒在叶面上的施肥方法。叶面喷肥可避免土壤对养分的固定和土壤微生物对养分的吸收，适于植株密度较大或土壤条件（湿度、pH）不适于土壤追肥时应用。叶面喷肥可减少土壤因素对施肥效果的影响，从而大大降低肥的施用量，叶面施肥作业方便，需肥量少，经济有效，尤其适用于微量元素施肥。叶面喷施不同浓度硒溶液后豆苗中的硒含量见图 2 - 3。

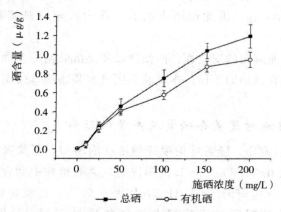

图 2 - 3　叶面喷施不同浓度硒溶液对豆苗硒含量的影响

亚硒酸钠叶面喷施处理对于豆苗生长的抑制作用不如溶液培养显著，在 0～150 mg/L 的亚硒酸钠处理浓度范围内，不同的硒浓度处理对豆苗生物量的影响不显著。豆苗中硒的积累量与施硒浓度呈线性相关关系，当硒的浓度增加到 200 mg/L 时，豆苗的生物量会有一定的降低，但豆苗中硒的含量仍有升高。这说明叶面喷施时毛豆植株对亚硒酸钠溶液具有较高的耐受性。

在进行工业规模化生产的时候，生产人员要注意亚硒酸钠溶液的使用频率和浓度，避免造成硒的过量富集和对土壤水源的污染。对于叶面喷施来说，选择 100 mg/L 的硒溶液进行富硒是比较适宜的。

综合三种不同的豆苗富硒方法，可以看出，土壤施硒的富硒效果最不明显，即使采用 1.0 kg/hm² 的施硒量，豆苗中的硒含量也只有 0.35 μg/g 左右，而且各处理间含硒量偏差较大。液体培养的方法可以用较低的硒浓度达到较高的硒的富集效果，豆苗内硒的利用率最高。但是这种方法需要专门的设备和通风保温设施，适于芽或者幼苗的富硒。叶面富硒不需要特殊的设备和仪器，操作简便，生物量最大，各处理间豆苗含硒量相对稳定，可以迅速得到大量的产品。

施硒量相等情况下叶面喷施的产出量为土壤施硒的 20 倍左右，另外与后期研究对比可知，采用叶面喷施法处理毛豆、甘蓝和菜心，虽然植株内的硒含量相对较低，但采收的生物量较大，因此根据物料衡算，可获得比溶液培养高 2～3 倍的硒生物转化率。根据某些学者的研究，在大麦、大豆、甘蓝和胡萝卜等的幼苗中，硒主要是以硒甲基硒半胱氨酸的形式存在的，含硒甲基硒半胱氨酸的富硒蔬菜抗癌能力高于亚硒酸盐，因此，高抗癌能力的蔬菜是大有前景的。有研究表明每日摄入硒 20 μg 可以达到抗癌效果，这个值通过摄入 40 g 的含硒量为 5 μg/g 的富硒豆苗即可达到，然而，为了防止摄入过多的硒造成负面影响，成年人的摄硒量上限为每天 500 μg。因此使用富硒幼苗作为抗癌原料需要注意硒的适宜浓度。

出于对实际工业应用的安全性、简便性以及经济效益等方面的考虑，叶面喷施是较适宜的富集有机硒的手段。本试验采用叶面喷施法作为蔬菜的主要富硒处理方法。

（二）叶面喷施对蔬菜含硒量及产量的影响

从图 2-4 可以看出，随着叶面喷施硒浓度的增加，蔬菜吸收的硒量也随之增加，当施硒浓度在 0～200 mg/L 范围内时，菜心植株中硒含量与施硒浓度的线性回归方程为 $y = 0.9691x - 1.3102$，$R^2 = 0.9355$。甘蓝在施硒浓度 0～150 mg/L 范围内，植株对硒的富集量与施硒浓度呈正相关，回归方程为 $y = 0.2983x - 0.2076$，$R^2 = 0.9971$。芦笋在施硒浓度 0～150 mg/L 范围内，植株对硒的富集量与施硒浓度呈正相关，回归方程为 $y = 0.0135x + 0.0077$，$R^2 = 0.9871$。毛豆豆粒在 0～200 mg/L 施硒范围内豆粒含硒量和亚硒酸钠浓度呈线性相关，回归方程为 $y = 0.1054x - 0.0407$，$R^2 = 0.9811$。

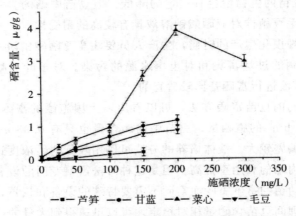

图 2-4 不同施硒浓度对蔬菜含硒量影响

当施硒浓度过高时，蔬菜富集硒的能力反而下降，菜心当达到最高含硒量 3.8909 μg/g 后，施硒浓度越高，植株中硒的含量反而降低，高浓度的硒抑制了植株对环境中硒的进一步吸收和生物转化。甘蓝施硒浓度从 150 mg/L 增加到 200 mg/L 时，甘蓝叶球中硒的含量增加量不显著。

从图 2-4 中我们可以看出在同一喷施浓度时，不同蔬菜品种的含硒量差别很大，菜心和甘蓝中硒的累积量比较高，验证了芸薹属植物富硒能力强的推论。但菜心从喷施到收获时间较短（4 天～7 天），容易造成叶面无机硒的残留，而甘蓝从喷施到收获需要 30 天～35 天，在收获期叶面基本没有亚硒酸钠的残留，因此甘蓝是比较适宜的富硒品种。芦笋对硒的富集能力较弱，而毛豆因蛋白质含量较高，也是较为适宜的富硒品种。

叶面喷施硒后，硒在植株内经过木质部进行转移，然后在叶子的叶绿体内经过一系列的酶促和非酶促反应，经过谷胱苷肽（GSH）和硒二谷胱苷肽，被还原为亚硒酸盐。亚硒酸盐随后通过与对乙酰丝氨酸的连接形成含硒氨基酸——硒代半胱氨酸，然后再非特异性地形成含硒蛋白质。硒代半胱氨酸被认为还可以继续代谢成硒代蛋氨酸，硒代蛋氨酸以同样方式，取代蛋氨酸被结合到蛋白质中。在非硒积累植物内硒富集后的半胱氨酸和蛋氨酸被硒代半胱氨酸和硒代蛋氨酸非特异性取代合成蛋白质，这个论点已经被某些科研人员采用体外氨基酰化过程试验所证实。

表 2-1　不同施硒浓度对产量的影响（kg/100 株）

施硒浓度（mg/L）	0	10	25	50	100	150	200
芦笋	3.55±0.26	3.46±0.17	3.81±0.19	3.71±0.30	3.54±0.19	3.49±0.24	n. a.
甘蓝	205±21	n. a.	188±17	215±19	223±16	215±14	207±18
菜心	1.25±0.24	n. a.	n. a.	1.07±0.13	0.98±0.30	0.72±0.14	0.57±0.08
毛豆/g（千粒重）	360±12	n. a.	365±15	370±10	358±16	364±12	366±13

注：n. a. ＝not applied

从表 2-1 中可以看出，芦笋在硒浓度 0～150 mg/L 范围内，甘蓝在硒浓度 0～200 mg/L 范围内对产量都没有显著的影响，毛豆在 0～200 mg/L 的施硒范围内产量也没有显著差异。菜心在喷施硒浓度小于 100 mg/L 时，菜心产量和鲜根重与对照组差异不显著，但当硒浓度高于 150 mg/L 时会造成菜心产量下降，并且菜心植株矮小，叶片发生黄化现象。

硒是植物的有益元素，适当浓度的硒处理对蔬菜生长无不利影响，许多研究表明硒能够促进植物生长。有研究人员通过硒酸钠和亚硒酸钠的叶面喷施来研究硒对绿茶的产量和品质的影响，结果表明，硒处理会显著增加茶叶的产量和品质。还有研究人员在茶树上施硒，结果发现土壤施硒量在 3.33～13.32 g/kg 范围内对茶树生长发育有一定促进作用，同对照组相比，可增产 6.8%～18.4%，并可提高茶叶中硒的总量和有机硒含量。

但喷施高浓度硒溶液会造成植物硒毒害，抑制蔬菜植株的生长发育，并造成黄化。这是因为硒酸盐和亚硒酸盐这两种形式的硒容易被植物吸收和消化。硒和硫是竞争元素，硒代半胱氨酸和硒代蛋氨酸取代了半胱氨酸和蛋氨酸，与植物中蛋白质结合，另外含硒酶会参与叶绿素合成以及硝酸盐的消化等代谢途径。有证据显示，硒可以影响谷胱苷肽的产生，从而改变植物抵抗羟自由基和氧化压力的能力。因此，过高浓度的亚硒酸钠会对植物的正常生长和代谢造成干扰。有学者认为硒的吸收途径与硫相近，和植物表皮细胞的电化学梯度有关，硒累积型植物吸收硒的能力高于硫，硫和硒之间的竞争吸收及与蛋白质的结合，是造成植物性状改变及生长被抑制的主要原因。

（三）不同时间菜心叶片硒含量的变化

从图 2-5 中可以看出，在富硒处理第二天，叶片上尚存留较高浓度的无机硒溶液，随着时间的延长，菜心表面吸附的硒含量逐渐降低，富硒处理第四天，叶片清洗前后硒含量差别已不显著。因此，为提高菜心叶片有机硒比例，在采摘前三天以上进行喷施较适宜。蔬菜生长期温度、湿度、降雨等因素也会影响叶片表面吸附硒的速度。蔬菜叶片的蜡质会降低溶液的附着能力，如果在亚硒酸钠溶液中加入吐温等表面活性剂，可将菜心对硒的吸收能力提高 20%～30%。而甘蓝生长期长，从喷施处理到包心采收需 30 天～35 天，因此，叶片表面基本没有亚硒酸钠残留，是较好的有机硒转化蔬菜。

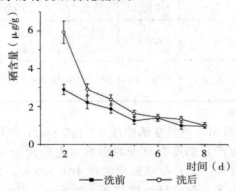

图 2-5　富硒处理后菜心叶片含硒量变化

有研究人员认为，硒在植物体内的同化途径与硫一致，即需要先经过还原作用，再同化为硒代半胱氨酸和硒代蛋氨酸。植物吸收的硒主要来自土壤和大气。植物吸收的硒主要是硒酸根和亚硒酸根，Se^{4+} 的吸收为被动运输，不需要能量，Se^{6+} 的吸收为主动运输，这种主动运输过程可被呼吸抑制剂（叠氮化合物或二硝基苯酚）或低温所抑制，部分 Se^{6+} 可在木质部中被动运转。不仅根系可吸收硒，叶对硒也有吸收作用，有研究表明，叶片能够吸收利用 Se^{4+} 和 Se^{6+}，吸收量与施硒质量成正比。同一植物不同部位吸收硒的能力各异。有研究人员对 17 种蔬菜进行了研究，结果表明，蔬菜的可食用部位含硒量低于非食用部位。有研究人员对甜菜、大麦、番茄三种作物对硒的吸收能力进行了研究，结果表明甜菜＞根部；大麦茎秆＞籽粒；番茄叶部＞茎秆＞果实。这进一步证实了作物可食用部分吸收硒的能力低于非食用部位这个结论。

无机硒离子进入叶片的叶绿体后，硒酸盐在硫酸盐同化酶的作用下被同化，硒酸盐被还原的第一步是被 ATP—硫酸化酶活化成其活化形式——腺苷磷硒酸（APSe）。ATP—硫酸化酶对硒酸盐的还原是必需的，此酶对硒酸盐还原和硒的同化速率都起限制作用，硒酸盐的还原是硒酸盐同化的限制性步骤，在转基因植物中增加 ATP—硫酸化酶加快了这一过程的速率。叶绿体是硒酸盐还原的作用点，APSe 又能在非酶作用下，还原成谷胱甘肽—亚硒酸盐，谷胱甘肽—亚硒酸盐经过谷胱甘肽（GSH）还原产生中间产物硒代二谷胱甘肽，硒代二谷胱甘肽在NAD—PH 作用下还原为硒代谷胱甘肽，随后在 GSH 还原酶的作用下还原为含硒酸盐的谷胱甘肽。GSH 还原酶在硒酸盐还原过程中是一个重要的酶，但在分子水平上还没有证据证实它是一个限制性的酶。亚硒酸盐除了能被同化为硒化物外，也能被植物氧化成硒酸盐。

（四）富硒蔬菜中硒的分布

硒元素在植物中是可迁移元素，从根部或叶面进入植株时，会在植物组织内进行转运从而分布到各个器官，为比较蔬菜各部分的硒的积累量，研究人员对几种蔬菜经叶面喷施后各部分的含硒量进行了分析测试，结果如下列表（表 2 - 2、表 2 - 3、表 2 - 4、表 2 - 5）所示。

表 2 - 2　菜心不同部位的硒含量

部位	花蕾	上部茎	下部茎	叶片	根	整个植株
总硒（$\mu g/g$）	0.3390 ± 0.0237	0.8965 ± 0.0471	0.6355 ± 0.1023	0.9894 ± 0.1162	0.3346 ± 0.0175	0.9183 ± 0.1075

表 2 - 3　芦笋不同部位的硒含量

部位	芦笋尖	芦笋尖	芦笋中段	芦笋中段	芦笋根段	芦笋根段
施硒浓度（mg/L）	10	100	10	100	10	100
总硒（μg/g）	0.0327	0.1684	0.0252	0.1412	0.0247	0.1423

表 2 - 4　甘蓝不同部位的硒含量

部位	外叶	叶球内叶	叶球外叶	叶球内芯	整个叶球
总硒/（μg/g）	0.7279±0.2492	0.5142±0.1323	0.7237±0.1466	0.4983±0.1185	0.6851±0.0919

表 2 - 5　毛豆不同部位的硒含量

部位	豆粒	豆荚	豆叶	豆茎	豆根
总硒（μg/g）	0.4711±0.0592	0.3172±0.0325	0.4469±0.0438	0.3877±0.0411	0.3051±0.0368

比较几种蔬菜富硒后硒在植株内的分布情况可以看出，菜心、甘蓝和芦笋经过施硒处理后，硒可通过叶片气孔或体表的角质层进入植物体内，进而被转运到细胞内部，最后到达茎、叶中的韧皮部。蔬菜的根、花蕾部分也有一定量的硒存在，验证了硒作为一种可再利用元素，可转移到其他部位而被再利用的理论。芦笋的富硒部位是芦笋尖，从表 2 - 3 可以看到，随着芦笋的生长，硒会向下部组织进行运输，且芦笋中段与根段含硒量没有显著差异，施硒浓度在 10 mg/L 和 100 mg/L 的硒分布趋势是一致的。甘蓝中硒的分布与菜心和芦笋是一致的，叶片或硒溶液涂布部位含硒量较高，而没有与硒溶液直接接触的组织中也有一定浓度的硒，说明硒被涂布部位的组织吸收后，能够向其他组织运输。有研究人员采用示踪试验研究[75]Se 在番茄中的转运规律，发现经过叶面涂布后，[75]Se 主要向根、茎中转运。

对于毛豆来说，叶片和豆粒中含硒量较高，而根和茎中相对较低。有研究表明，植物中不同组织部位硒的分布和浓度会因硒积累植物和非硒积累植物有所不同。在硒积累植物中，硒先主要积累在嫩叶中，而后硒主要积累在果实部分。在非硒积累植物中，例如谷物的根部和籽的部位，硒的积累量往往相同。因此，说明毛豆作为硒的富集目标植物也是比较适宜的。

（五）不同富硒条件对蔬菜硒积累的影响

1. pH 的影响

从表 2-6 可以看出当叶面喷施硒溶液的 pH 进行调整后，芦笋和菜心的硒积累量均有提高。

表 2-6　不同 pH 处理对芦笋和菜心富硒量的影响　单位：mg/g

	pH＝6	pH＝7	pH＝8
芦笋	0.0665±0.0079	0.0607±0.0106	0.0647±0.0092
菜心	1.2872±0.1860	0.9653±0.1146	1.2924±0.2163
甘蓝	0.7328±0.1022	0.6851±0.0847	0.8119±0.0905

有研究人员认为硒的吸收途径与硫相近，和植物表皮细胞的电化学梯度有关，相对来说 pH 为 8 的含硒溶液处理的蔬菜含硒量更高，这说明弱碱环境有助于硒的富集。在 pH 为 6 的溶液中硒吸收量增多可能是因为在酸性环境中，叶片组织活细胞膜及细胞质内构成蛋白质的氨基酸处于带正电状态，细胞易吸收外界溶液中的阴离子，喷施溶液中硒是以硒的阴离子形式存在的，因此降低 pH 有助于硒离子的吸收。而用氨水调节到 pH 为 8 也有助于硒离子的吸收，则可能是在碱性溶液中，硒更易转化成六价硒的形式，但需要注意过高或过低的 pH 会对蔬菜叶片造成伤害。研究显示，一般植物吸收六价硒的能力比四价硒高 8 倍，故提高溶液 pH 可提高硒的有效性，使之容易被叶片吸收。但硒酸钠容易使植物中毒，并且硒酸钠容易在植物中造成硒酸根的积累，而亚硒酸钠形成的无机硒离子则很少累积，这是因为硒酸钠和亚硒酸钠的吸收途径是不同的，亚硒酸盐降解为硒醚是在谷胱甘肽作用下的非酶过程，因此，亚硒酸盐比硒酸盐容易转化为有机硒形态的硒代氨基酸。

2. 喷施次数的影响

从表 2-7 中可知，喷施次数对植株体的硒含量有较大的影响，喷施两次菜心和甘蓝的硒含量约是喷施一次得到的硒含量的 2 倍，差异显著（P＜0.05），而喷施次数为三次时得到的硒含量与喷施两次得到的硒含量相比差异不显著（P＞0.05）。

表 2-7　喷施次数对芦笋、菜心和甘蓝硒含量的影响　单位：μg/L

喷施次数	1	2	3
芦笋	0.1505±0.006	0.3028±0.008	0.3431±0.012
菜心	0.965±0.114	1.967±0.402	2.057±0.335
甘蓝	0.685±0.092	1.230±0.212	1.635±0.106

注：喷施浓度均为 100 mg/L

由于喷施次数的增加相当于变相的浓度富集，在施硒处理时，可选择较低浓度，分两次喷施，这样可起到良好的富硒效果，而喷施低浓度的硒溶液也可避免污染环境。

植株中硒的含量到达一定程度后不随喷施次数继续增加，这说明在硒的吸收和转化过程中存在饱和效应。当硒离子经角质层孔道到达表皮细胞的质膜，再被转运到细胞内部的过程中有载体参与离子装运，载体能选择性地携带离子透过膜，经载体进行的转运依赖于溶质与载体特殊部位的结合，而结合部位的数量有限，所以有饱和效应，其机理与根部吸收离子相同。

3. 不同处理时间的影响

在甘蓝和毛豆的不同生长期对它们进行富硒处理，比较前期富硒和后期富硒处理对蔬菜中硒积累量的影响，结果见图 2-6。测定甘蓝前期处理和后期处理的成品中有机硒含量发现，两者没有明显差异，但幼苗期富硒甘蓝中硒含量明显低于采收期，这可能是因为叶片成长的"稀释"效应。因此，在接近采收期，甘蓝将要包心的时候进行硒的喷施是比较适宜的。

幼苗期施硒浓度在 25 mg/L～150 mg/L 范围内甘蓝含硒量的回归方程为 $y = 0.03133x - 0.02916$，$R^2 = 0.9375$；包心期施硒浓度在 25 mg/L～150 mg/L 范围内甘蓝含硒量的回归方程为 $y = 0.2983x - 0.2076$，$R^2 = 0.9971$。这说明幼苗期和包心期施硒浓度均和甘蓝的硒富集量存在线性相关关系。

而对于毛豆来说，前期处理和后期处理的差异相对来说要小一些。这主要是因为对于硒积累植物来说，硒首先主要积累在嫩叶中，而后硒的积累主要在籽（果实）部分。随着毛豆果实的生长和成熟，硒以硒代氨基酸的形式与蛋白质结合，积累储存在种子中，因此，随着时间的延长，虽然有部分硒被植物呼吸代谢分解，但毛豆种子中蛋白质结合态硒的含量并无显著降低。当施硒浓度较高时（100 mg/L 以上），前期富硒和后期富硒的差别较大，另外毛豆前期富硒后测定的叶片含硒量与采收期叶片的含硒量相比，含量降低 50%～60%（见图 2-6）。这可能是部分含硒组分经过植物的呼吸代谢作用挥发到大气中。关于含硒组分在植物中的代谢和挥发途径，有研究人员提出主要是通过二甲基硒醚的形式，硒的主要代谢途径遵循植物中硫的代谢途径。植物可以将组织中的硒组分甲基化形成硒甲基硒代半胱氨酸，然后进一步通过氧化形成二甲基二硒醚（DMDSe）等具有挥发性的形式。

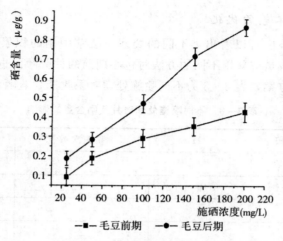

图 2 - 6（a） 不同处理时间对毛豆硒含量的影响

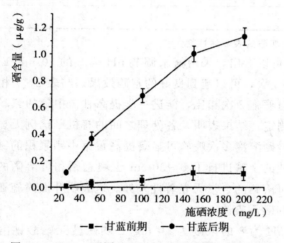

图 2 - 6（b） 不同处理时间对甘蓝硒含量的影响

　　硫在积累植物如芸薹属和葱属植物的挥发是通过二甲基硫醚来进行的，二甲基硫醚是这些植物的气味的特征物质。甘蓝中半胱氨酸亚砜裂解酶能够催化甲基硒代半胱氨酸的氧化产生甲烷，在芸薹属和葱属植物中存在的半胱氨酸亚砜裂解酶可能也会促进甲基硒醚和二甲基二硒醚的形成。另外，挥发性的二甲基二硒醚可在硒累积植物赖草中观察到，据研究赖草可以积累大量的硒甲基硒代半胱氨酸。这些都说明植物中硒是以和硫代谢相同的途径，以二甲基硒醚的形式挥发植株内部的硒的。

（六）富硒工艺的优化

从上述的实验中可以看出，不同的处理对蔬菜中硒的积累和转化有不同影响，因此，研究人员应采用不同的方法对包心期前的甘蓝叶面进行喷施处理，并制订可行的富硒方案，表2-8为不同喷施处理对采收期甘蓝硒含量的影响。

表2-8 不同喷施处理对甘蓝硒含量的影响

硒溶液浓度（mg/L）	pH	喷施次数	硒含量（μg/g）
100	7	1	0.72
50	6	2	0.69
50	6	3	0.87
50	8	2	0.81
50	8	3	1.04
50	7	3	0.85

注：硒溶液中添加适量表面活性剂

从表2-8中可以看出，采用氨水调节pH为8的50 mg/L的亚硒酸钠溶液进行叶面喷施2～3次，可以起到良好的富硒效果。与表2-7相比，50 mg/L的硒溶液喷施3次与喷施2次相比，能进一步提高甘蓝中硒的累积量。研究人员对有机硒含量进行测定，结果表明，各处理之间的有机硒比例无显著性差异，进一步验证了低浓度含硒溶液多次喷施可显著提高蔬菜中硒累积的结论。本实验对采收期的甘蓝收获地的土壤进行了0～30 cm土壤总硒和可溶硒的含量测定，各土壤样品的总硒和可溶硒的含量无显著性差异。这表明叶面喷施亚硒酸钠不会造成土壤中硒的积累和硒污染。

因此，采用pH为8的浓度为50 mg/L弱碱性亚硒酸钠溶液，对蔬菜进行2～3次的叶面喷施，是比较简便而且切实可行的农艺富硒方法。

三、讨 论

三种不同的富硒方法中，土壤施硒的富硒效果最不明显，即使采用1 kg/hm² 的施硒量，植株中的硒含量也只有0.35 μg/g左右，而且各处理间含硒量偏差较大。液体培养的方法可以采用较低的硒浓度达到较高的硒的富集效果，植株内硒的利用率最高，但是需要专门的设备和通风保温设施，适用于植物芽或者幼苗的富硒。叶面富硒不需要特殊的设备和仪器，操作简便，生物量最大，各处理间含硒量相对稳定，可以迅速得到大量的产品。从实际工业应用的安全性、简便性以及经济效益等方面来考虑，叶面喷施是较适宜的富集有机硒的手段。

叶面喷施法适宜作为原料的主要处理方法。研究人员通过菜心、甘蓝、毛豆和芦笋的富硒实验证明，外施不同浓度的亚硒酸钠溶液对蔬菜植株的总含硒量有较大影响。在一定范围内（0～150 mg/L），施硒浓度和蔬菜中硒的积累量呈线性相关关系。富硒处理对蔬菜的生物量无显著影响，但是过高的浓度（200 mg/L以上）会抑制蔬菜生长并降低产量。采用 pH 为 8 的弱碱性亚硒酸钠溶液对蔬菜进行 2～3 次的叶面喷施，是比较简便而且切实可行的农艺富硒方法。

不同植物种类对硒的积累能力不同，有研究人员测定了恩施地区不同蔬菜中的硒含量，大白菜、萝卜缨、青蒜、韭菜、南瓜及豇豆等含硒量均较高，萝卜缨的含硒量超过 800 mg/kg。另外硒积累植物，如大蒜和花椰菜，硒含量可高达 1 mg/g。这些植物中的硒常以甲基形式，如甲基硒代半胱氨酸、γ-谷酰胺甲基硒半胱氨酸以及甲基硒醇等形式存在。这些含硒组分大部分储存在膜结构中，而只有很小的部分与植物蛋白结合。

大田环境下芸薹属蔬菜叶面富硒处理、栽培处理、样品的采集和预处理后对植株中氮代谢水平、氧化酶系、异硫氰酸盐含量进行测定。研究结果显示，蔬菜中硒含量呈线性增长，叶片中硒积累量最高，其次是茎部和根部，而叶绿素含量、维生素 C 含量和蛋白质含量在低硒浓度下均有提高，而当施硒浓度较高时会有下降趋势，不同种类的芸薹属蔬菜对硒的耐受能力不同，耐受能力为甘蓝＞花椰菜＞生菜。采摘的蔬菜样品中丙二醛、谷胱甘肽过氧化物酶、超氧化物歧化酶和谷氨酰胺合成酶的活力与对照组相比，均无显著差异，蔬菜样品中硝酸根的浓度施硒组高于对照组，与蛋白质的变化趋势基本一致。

通过对各蔬菜含硒量的比较可知，作为芸薹属十字花科的菜心和甘蓝对于硒的富集能力强，菜心生长期短，存在无机硒残留问题，而且产出的富硒生物量少；甘蓝生长期长，无机硒残留少，生物量高且硒的积累量较高，是适宜的富硒品种；而毛豆因蛋白质含量较高，可以积累较高浓度的有机硒，也是较适宜的富硒品种。

本部分的内容主要针对工业化生产，因此着重实践操作方面的研究，对于富硒的机理方面的研究较薄弱。今后对于硒的研究的一个重要目标是采用蛋白质或DNA 测序法分析高等植物中的含硒蛋白，研究酶在硒代谢中的作用以及确定硒代谢途径中的限速步骤。人类对拟南芥和水稻基因的测序方面的进展将会推动有关 UGA 基因或编码硒合成酶（如硒磷酸化物合成酶）的基因的发现，进而从另一个角度揭示硒在植物中的生理生化性质。

第二节　青菜的水培富硒及影响

青菜（R. rapa）属于芸薹属植物，芸薹属植物（B. rapa）属于硒积累植物，上述实验证实它能够通过叶面喷施硒提高蔬菜中硒含量。为进一步了解富硒机理及硒对植物生长的影响，研究人员采用营养液无土栽培法进一步了解不同浓度硒处理对青菜的光合特性、叶绿素变化以及硒代谢水平的影响。

一、材料与方法

（一）试剂与材料

亚硒酸钠、2，3－二氨基萘，购自美国 Fluka 公司；硝酸、硫酸、高氯酸、氢溴酸、氨水等，均购自国药上海试剂公司。

（二）仪器与设备

LI－6400 便携式光合测定系统　　　　　美国 LI－COR 公司

（三）青菜的处理

每 4 天用浓度分别为 5 mg/L、10 mg/L、15 mg/L、20 mg/L、25 mg/L、30 mg/L 的亚硒酸钠于营养液中处理青菜（即根部处理）。每 10 天测定青菜的光合特性及叶绿素含量，到青菜成熟期时测定青菜叶（可食用部分）中的硒含量。

（四）光合特性

分别在用不同浓度硒处理青菜 10 天、20 天、30 天、40 天、50 天后，选取从上向下数第 2 片完全展开叶，用美国 LI－COR 公司生产的 LI－6400 便携式光合测定系统，设定光量子通量密度为 1260 $\mu mol \cdot m^{-2} \cdot s^{-1}$，温度为 25 ℃，设定的 CO_2 浓度为 $40\mu L \cdot L^{-1}$，测定净光合速率（Pn）、蒸腾速率（E）、气孔导度（Gs）、胞间二氧化碳浓度（Ci）。每次处理各测定 5 株，3 次重复，每株重复测定 3 次。

（五）叶绿素变化

分别在用不同浓度硒处理青菜 10 天、30 天、50 天后，选取从上向下数第 1 片、第 2 片、第 3 片和第 4 片完全展开叶，用 CCM－200Plus 便携式叶绿素测定仪测定叶绿素含量，每次处理各测定 5 株，3 次重复，每株重复测定 3 次。

（六）叶片中硒含量测定

取用不同浓度硒处理 50 天后的青菜（成熟期），称取 0.1 g 干燥后的青菜叶磨碎，用 AFSW－230A 双道原子荧光光度计测定青菜叶片（食用部分）中的硒含量，每次处理各测定 5 株，3 次重复，每株重复测定 3 次。

二、结果与分析

（一）不同浓度硒处理青菜光合特性变化情况分析

1. 不同浓度硒处理青菜的蒸腾速率变化分析

从图 2-7 中可以看出，在硒处理 10 天后，培养液中 5 mg/L 硒处理的青菜蒸腾速率上升，但随着硒处理浓度的升高，青菜的蒸腾速率又下降。施硒 20 天、30 天、40 天、50 天后随着硒处理浓度的升高，处理后的青菜蒸腾速率明显下降。

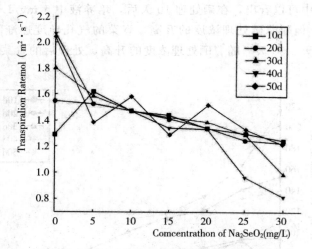

图 2-7　不同浓度硒处理青菜的蒸腾速率（E）

2. 不同浓度硒处理青菜的净光合速率变化分析

从图 2-8 中可以看出，在硒处理 10 天后，培养液中 5 mg/L 硒处理的青菜光合速率先上升后下降，培养液中 25 mg/L 和 30 mg/L 硒处理的青菜光合速率略有上升。施硒 20 天、30 天、40 天、50 天后随着硒处理浓度的升高，处理后的青菜净光合速率明显下降。

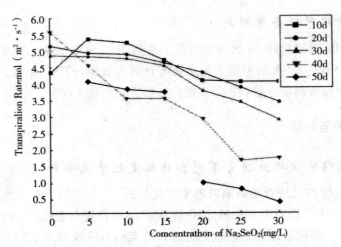

图 2 - 8　不同浓度硒处理青菜的净光合速率（Pn）

3. 不同浓度硒处理青菜的气孔导度变化分析

从图 2 - 9 中可以看出，在硒处理 10 天后，培养液中 5 mg/L 硒处理的青菜气孔导度升高，但随着硒处理浓度的升高，青菜的气孔导度逐渐下降。施硒 20 天、30 天、40 天、50 天后随着硒处理浓度的升高，处理后的青菜气孔导度明显下降。

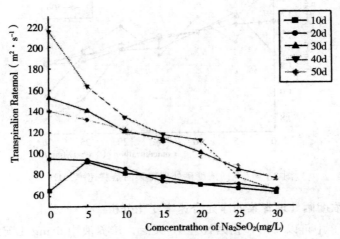

图 2 - 9　不同浓度硒处理青菜的气孔导度（Gs）

4. 不同浓度硒处理青菜的胞间 CO_2 浓度变化分析

由图 2-10 可以看出，施硒 10 天、20 天、30 天、40 天后的用不同浓度硒处理的青菜胞间 CO_2 浓度基本保持不变，硒处理 50 天后的青菜，用 15 mg/L 硒处理及更高浓度硒处理的青菜胞间 CO_2 浓度有所升高。

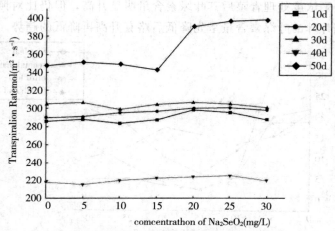

图 2-10 不同浓度硒处理青菜的胞间 CO_2 浓度（Ci）

（二）叶绿素变化

1. 不同浓度硒处理 10 天后青菜的不同叶片叶绿素变化

从图 2-11 中可以看出，随着硒处理浓度的升高，总体上所有叶片的叶绿素都呈现先下降后上升的趋势。第一片叶的叶绿素含量总体上高于第二片叶、第三片叶及第四片叶，第四片叶的叶绿素含量最低。

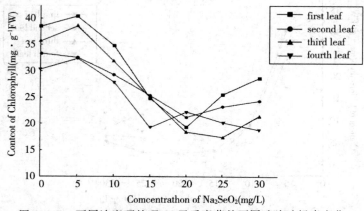

图 2-11 不同浓度硒处理 10 天后青菜的不同叶片叶绿素变化

2. 不同浓度硒处理 30 天后青菜的不同叶片叶绿素变化

由图 2-12 可以看出，硒处理浓度升高到 10 mg/L 时，第一片叶和第二片叶的叶绿素含量显著降低，从 20 mg/L 浓度的硒处理到 30 mg/L 的硒处理，其叶绿素含量又缓慢上升。第三片叶的叶绿素含量先降低，但用 15 mg/L 的硒浓度处理及更高的硒浓度处理青菜后其叶绿素含量明显升高，但仍比对照组的叶绿素含量低。第四片叶的叶绿素含量呈先降低后略有升高再降低的趋势。

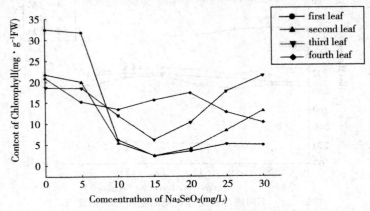

图 2-12　不同浓度硒处理 30 天后青菜的不同叶片叶绿素变化

3. 不同浓度硒处理 50 天后青菜的不同叶片叶绿素变化

由图 2-13 中可以看出，整体上用不同浓度硒处理 50 天后青菜的不同叶片叶绿素含量先迅速下降，但用 15 mg/L 硒浓度处理及更高浓度处理的青菜其叶绿素含量又都略有升高。

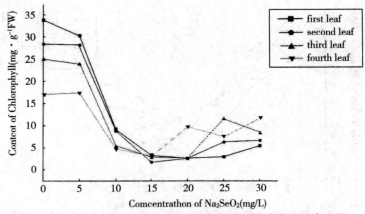

图 2-13　不同浓度硒处理 50 天后青菜的不同叶片叶绿素变化

（三）叶片中硒含量对青菜生长的影响

1. 不同浓度硒处理 50 天后青菜叶片的硒含量从图 2 - 14 中可以看出，随着不同浓度的硒处理，青菜成熟期后的叶片硒含量先逐渐升高，到 10 mg/L 的浓度硒处理后，青菜叶中的硒含量显著上升，20 mg/L 的浓度处理后的青菜叶硒含量略有升高。

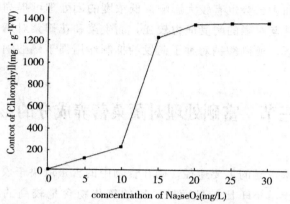

图 2 - 14　不同浓度硒处理 50 天后青菜叶片的硒含量

2. 高浓度硒对青菜生长影响

高浓度的硒对青菜生长有明显的抑制作用。用不同浓度的硒处理青菜，对于青菜的光合特性有显著的影响。随着硒浓度的升高，其净光合速率（Pn）和蒸腾速率（E）明显下降，气孔导度（Gs）下降，但胞间 CO_2 浓度（Ci）基本不变。同时叶绿素的含量呈现下降的趋势。叶片光合速率的降低主要是由气孔因素和非气孔因素两个方面引起的，判定依据主要是 Ci 和 Gs 的变化方向。有研究人员认为，只有 Ci 随 Gs 同时下降的情况下，才能证明光合速率的下降是由气孔制造成的。如果 Gs 下降，而 Ci 维持不变、甚至上升，则光合速率的下降应是由叶肉细胞同化能力降低等非气孔因素所致。由此说明，本实验中光合速率降低的主要因素不是气孔限制，可能是因为叶绿素含量的降低及叶肉细胞同化能力降低。此外，研究表明，高浓度的硒处理能加剧叶绿体的降解并抑制叶绿体合成，这可能是因为硒代半胱氨酸取代了叶绿素中的某些氨基酸。

用不同浓度的硒处理青菜后，青菜叶中的硒含量显著升高。表明外源施硒可以显著提高青菜中的硒含量，但高浓度的硒并不能明显增加青菜中硒含量，因此在实际的富硒蔬菜生产中，应适当施硒。

三、讨 论

研究人员以硒酸钠和亚硒酸钠的浓度在 $1\sim100$ mg/L 范围的培养液为材料，研究不同硒溶液浓度对芸薹属蔬菜种子的出芽率、芽重芽长和根长根重的影响。结果显示，不同品种的蔬菜种子在含硒溶液中的生长势存在较大差异，而不同硒形式对种子萌发和生长势也有较大影响。低浓度的硒处理可提高甘蓝出芽率并促进幼苗的生长。甘蓝对硒的耐受能力较强，而生菜和花椰菜对硒的耐受能力相对较弱。同等浓度下，亚硒酸钠对种子萌发的抑制作用强于硒酸钠。

第三节　富硒处理对蔬菜营养成分的影响

膳食是人体摄入硒的主要途径，硒在食物中的含量取决于农作物土壤中的硒含量和状态。在土壤 pH 比较低而铁、铝的氧化物含量较高的地域，如中国南部，硒酸盐和亚硒酸盐与铁、铝的氧化物形成复杂的结合物，这样土壤中的硒就不能被植物吸收利用。在我国，大约 70% 的地区属于硒缺乏地区。生活在低硒地区，食用低硒食物的人群硒的摄入量偏低，据中国营养学会报道，中国人均硒摄入量只有 26 μg/d，在有些地区甚至低于 10 μg/d。美国食品药品监督局 1987 年开始允许在动物饲料中添加 0.3 μg/g 硒酸钠作为营养添加剂，但是现在发现这种无机的硒形式不如有机形态的硒生物效价高。我国居民摄硒量低，缺硒可能会对健康造成危害，因此提高植物中硒含量是很有必要的。有研究证明，茶叶是人体有效和安全的补硒来源，植物可以吸收土壤或者直接吸收叶面喷施的硒，经过代谢以有机硒形式储存在植株内，这比直接在膳食中添加无机硒更加安全可靠。

适量的硒具有增加作物产量与增进作物品质的效果，但是过量的硒会对植物构成毒害，一般非硒积累植物含硒量大于 50mg/kg 时，就会中毒，表现出生长缓慢，植株矮小，叶子失绿等中毒症状。

硒有促进蛋白质合成的作用，一方面硒以硒代含硫氨基酸如硒代半胱氨酸和硒代蛋氨酸形式直接参与蛋白质合成，减少了游离氨基酸中半胱氨酸和蛋氨的含量。另一方面，硒是植物体内一种转运核糖核酸链的组成成分，具有转运氨基酸的功能，从而对其他氨基酸也有影响。据报道，较低浓度（低于 50 mg/L）硒提高钝顶螺旋藻硝酸盐还原酶活力，有利于蛋白质的合成。

对大蒜、茶叶、大豆、油菜、马铃薯、菠菜和花椰菜等的研究也显示，富硒处理对于植株体内维生素 C、可溶糖、脂肪酸、叶绿素等的含量均有一定的影响，但是影响结果各样品之间并不一致。

本部分实验的研究目的是通过考察硒对蔬菜产量、糖含量、蛋白质含量、蛋白质组成、氨基酸分布，以及特定氨基酸含量的影响，建立富硒蔬菜栽培的最适农艺条件，为生产实践提供可靠的指导依据并初步考察蔬菜富硒的意义。

一、材料与方法

（一）试剂和设备

1. 试剂

2，3－二氨基萘，购自美国 Fluka 公司；标准蛋白，购自上海生化试剂公司；丙烯酰胺、三羟甲基氨基甲烷（Tris）、甘氨酸、十二烷基硫酸钠（SDS）、甘油、β－巯基乙醇、溴苯酚、双丙烯酰胺、四甲基乙二胺（TEMED）、过硫酸铵、考马斯亮蓝 R－250、醋酸、甲醇、硝酸、盐酸（HCl）、硫酸、高氯酸、氨水、2，6－二氯靛酚等，均购自上海国药试剂公司。

2. 设备

Varian 1200L 气相色谱－质谱联用仪	美国 Varian 公司
高效液相色谱（HPLC）	美国 Waters 公司
安捷伦高效液相氨基酸色谱仪	美国安捷伦公司
电泳仪	北京六一仪器厂
DS－1 高速组织捣碎机	上海标本模型厂
JFSD－70 型实验室粉碎磨	上海嘉定粮油检测仪器厂
高速离心机 HITACHI CR22G	日本 HITACHI 公司
TN 型托盘扭力天平	上海第二天平仪器厂
PHB－4 型酸度计	上海精科实业有限公司
101－2 型电热鼓风干燥箱	上海市仪器商店
EZ585Q 型冷冻干燥仪	美国 FTS System 公司

（二）叶绿素的测定

分光光度法

（三）维生素 C 的测定

2，6－二氯靛酚法

（四）总蛋白质的测定

凯氏定氮法

（五）分离蛋白分子量分布测定

1. 分离蛋白提取方法

毛豆→60 ℃烘干→粉碎→正己烷脱脂→低温豆粕→"水碱提"（NaOH 调节 pH 为 8.0）→离心→酸沉（HCl 调节 pH 为 4.5）→溶解→冷冻干燥→成品。

2. 工艺条件

以豆粉∶水＝1∶10 的料水比溶解豆粉，用 NaOH 调 pH 至 8.0，在磁力搅拌下提取蛋白 3h；然后以 3200 r/min（1300×g）的转速离心 30min；上清液用 2 mol/L HCl 调 pH 至 4.5，酸沉蛋白，再以 3200 r/min 的转速离心 30min；沥去上清液，用水洗沉淀三次，加少量的水溶解沉淀，用 2 mol/L NaOH 调 pH 至 7.0；最后冷冻干燥得到分离毛豆蛋白成品。

3. 标准蛋白曲线的制作

将标准蛋白甲状腺球蛋白（相对分子质量 669000）、醛缩酶（相对分子质量 158000）、牛血清白蛋白（相对分子质量 67000）、卵清蛋白（相对分子质量 43000）、过氧化物酶（相对分子质量 40200）、腺苷酸激酶（相对分子质量 32000）、肌红蛋白（相对分子质量 17000）、核糖核酸酶 A（相对分子质量 13700）、抑蛋白酶肽（相对分子质量 6500）、维生素 B12（相对分子质量 1350）分别配成 1% 的浓度，然后用高效液相色谱仪测定分子量，所使用的柱子是高分子蛋白分离柱，流动相是 50 mmol/L 磷酸钠缓冲液（pH 为 7.0），流动相流速为 1 mL/min，检测波长为 280 nm。

所使用的高分子蛋白分离柱是根据蛋白的分子量大小进行分离的，大分子蛋白先出来，所需要的保留时间短，小分子后出来，所需要的保留时间长，以保留时间为横坐标，蛋白的分子量为纵坐标做出图 2 - 15 所示的标准曲线。

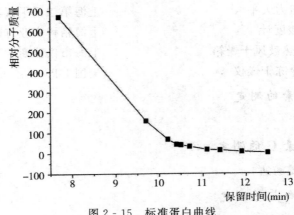

图 2 - 15　标准蛋白曲线

4. 蛋白分子量分布测定

将脉冲处理前后的样品在 1500×g 和 25 ℃ 条件下离心 20 min，上清液用醋酸纤维微孔滤膜过滤，滤液稀释到 2％的浓度，然后用高效液相色谱仪测定分子量，所使用的柱子是高分子蛋白分离柱，流动相是 50 mmol/L 磷酸钠缓冲液（pH 为 7.0），流动相流速为 1 mL/min，检测波长为 280 nm。

（六）SDS－PAGE（聚丙烯酰胺凝胶电泳）

样品溶解：称取 15 mg 的冻干蛋白样品，分别溶于 100 mL 的水和 50 mmol/L pH 为 7.0 的 Tris 缓冲溶液中。

浓缩胶缓冲液的配制：将 5.98 gTris 溶解于 1 mol/L HCl 中，调整 pH 至 6.7 并用蒸馏水定溶至 100 mL。

电极缓冲液的配制：将 6.0 g Tris、28.8 g 甘氨酸、1.0 g SDS 溶解于蒸馏水中，用 1 mol/L HCl 调 pH 至 8.3。

样品缓冲液的配制：将 1.0 g SDS、10 mL 甘油、1.0 mL β－巯基乙醇和 2.0 mg 溴苯酚，用浓缩胶缓冲液定溶至 100 mL。

12％的分离胶的配制：将 12 mL 丙烯酰胺、12 mL 双丙烯酰胺、3.75 mL 分离胶缓冲液、0.30 mL 10％ SDS、0.015 mL TEMED 和 13.8 mL 蒸馏水完全混合，真空下脱气 10 min，再加入 0.1 mL 10％过硫酸铵。

样品处理：1.0 mL 样品→过滤→混合→水浴加热（100 ℃，2 min）→上样（100 μL）。
　　　　　　　　　　　　　　↑
　　　　　　　　0.67 mL 样品缓冲液

标准蛋白处理与样品一致。

电泳：室温下，开始时直流电电流 0.8 mA，当样品完全进入分离胶，电流增加至 1.5 mA，直至指示染料距离分离胶 1 cm 结束。

染色与脱色：用 0.2％的考马斯亮蓝 R－250、7.5％醋酸和甲醇溶液染色 12 h，脱色 24 h 后储藏在 7.5％醋酸中。

（七）氨基酸的测定

总氨基酸用 6 mol/L HCl 真空水解样品 24 h 后测定，游离氨基酸采用三氯乙酸沉淀蛋白质，高速离心后测定。

色谱条件：安捷伦 1100 液相色谱仪，自动衍生化反应及放置样品；荧光检测器，激发波长 200 nm～700 nm，发射波长 280 nm～900 nm；可变波长紫外检测器，波长 190 nm～600 mn；分析柱，Hypersil ODS C18 柱；色谱工作站（美国安捷伦公司）。

（八）可溶糖的测定

采用高效液相色谱法进行测定，采用色谱条件：WaterS600HPLC，配制 WaterS600 四元输液泵；2410 示差折光检测器；7725i 进样阀；M32 色谱工作站。

（九）脂肪酸的测定

采用 Varian 1200L 气相色谱－质谱联用仪进行测定。

气相色谱条件：Varian 石英毛细管柱，载气为高纯氮气，流速为 1.0 mL/min，进样口温度为 250 ℃。

升温程序：起始柱温为 70 ℃，保持 2 min，以 10 ℃/min 升温至 150 ℃，保持 1 min，以 10 ℃/min 升温至 220 ℃，保持 10 min，再以 20 ℃/min 升温至 250 ℃，保持 15 min。

质谱条件：采用电子轰击方式进行离子化，电离能量为 70 ev，离子源温度 250 ℃，四极杆温度 170 ℃，传输线温度 280 ℃，加速电压 6 kV。

总脂肪酸提取：采用正己烷常温萃取法进行脂肪酸的提取。

样品脂肪酸甲酯化：准确称取约 1 g 样品放入 25 mL 容量瓶内，加入混合液溶解后定容至 25 mL，再吸取 20 mL 的溶解液于另一个 25 mL 容量瓶内，加入混合液稀释后定容至 25 mL，然后吸取 30 mL 定容后的溶液于 10 mL 试管中，加入 0.5 mol/L 的氢氧化钾－甲醇溶液 2 mL，振摇 2 min，放置 15 min 后加入蒸馏水将液体分层，取上层液做气相色谱分析，同时做空白对照。

二、结果与分析

（一）外施不同硒浓度对植株叶绿素含量的影响

施硒处理对植株的感观影响主要表现在色泽的变化上，亚硒酸钠叶面喷施对蔬菜叶绿素的影响见图 2 - 16。

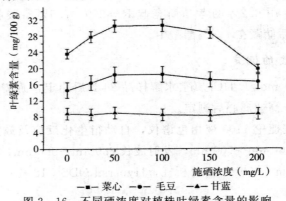

图 2 - 16　不同硒浓度对植株叶绿素含量的影响

从图 2-16 中可看出，随着喷施亚硒酸钠溶液浓度的升高，植株出现先增绿后失绿的现象。当喷硒浓度为 100 mg/L 时，叶绿素含量达到最高值，为 30.4 mg/100g，是普通对照菜心 23.3 mg/100g 的 1.30 倍，这表明适当的施硒有助于菜心植株的光合作用和生长代谢。甘蓝和毛豆中也存在同样的变化趋势，这与大蒜和藻类以及油菜研究是基本一致的。但过高浓度的硒处理会造成叶绿素含量的下降，尤其是当亚硒酸钠浓度大于 150 mg/L 时，菜心的生长受到抑制，同时黄化现象比较严重。

富硒植物中叶绿素的变化机理，可能与它和巯基的两个酶作用有关，有研究人员用高浓度硒处理毛豆，发现硒可以通过带有巯基的 δ-氨基乙酰丙酸脱水酶（ALAD）和胆色素原脱氨酶（PBGD）的相互作用，调控植株叶绿素的合成。有研究人员研究了富硒处理对绿豆中叶绿素合成的影响，发现硒能调节豆苗中卟啉的生物合成，富硒处理对 δ-氨基乙酰丙酸的合成没有影响，但是抑制暗光照条件下生长的绿豆苗的叶绿素的合成，富硒处理抑制补充光照条件下生长的绿豆苗胆色素原合成酶的活力，降低总叶绿素的含量。硒的浓度与胆色素原合成酶活力和总叶绿素含量的依赖关系表明胆色素原合成酶参与叶绿素的生物合成，分离叶绿体的体外实验证明硒能够抑制胆色素原合成酶活力，从而影响叶绿素的合成。由此可见，硒可促进和调控植物叶绿素的合成代谢。

（二）外施不同浓度硒对植株维生素 C 含量的影响

施硒处理会影响植株体内抗氧化酶体系的活力，因此，对于植株中重要的抗氧化物质以及营养物质维生素 C 来说，叶面喷施硒也会对它们造成一定影响。

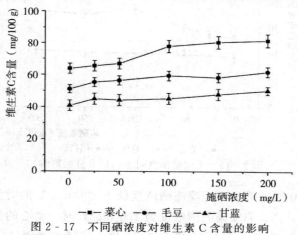

图 2-17　不同硒浓度对维生素 C 含量的影响

图 2-17 显示了喷硒浓度与植株体内维生素 C 含量的关系，维生素 C 含量随

喷硒浓度的升高而增加，用 50 mg/L 硒处理后的植株与对照组相比差异不显著，而当硒浓度大于 100 mg/L 时差异显著（P＜0.05），硒浓度从 50 mg/L 到 100 mg/L 这一浓度变化使得植株维生素 C 含量增高为对照植株的 1.21 倍。这可能是因为硒能够通过含硒酶（谷胱甘肽过氧化物酶 GSH－Px）和非含硒酶化合物两个途径，对植株细胞内过氧化氢和脂质过氧化物起清除作用，从而保护维生素 C。也有证据显示，硒可以干扰谷胱苷肽的产生，从而降低植物抵抗羟自由基和氧化压力的能力。有研究人员在生菜水培营养液中加入 0.05 mg/L 硒溶液，结果显示硒能提高水培生菜茎叶中叶绿素、维生素 C 的含量，降低亚硝酸盐含量。有研究人员研究硒对茶叶保鲜品质的影响，结果表明，在室温条件下储藏 90 天，低硒绿茶维生素 C 的保存率为 48.12%，而富硒茶维生素 C 保存率为 78.5%，表明富硒绿茶中的硒能有效抑制茶叶在储藏期间维生素 C 的减少。

（三）外施不同浓度硒对蔬菜蛋白质含量的影响

1. 富硒对总蛋白质含量的影响

富硒处理对于蛋白质含量影响的机理是硒代半胱氨酸和硒代蛋氨酸取代了半胱氨酸和蛋氨酸被结合到蛋白质中。由于硫和硒原子大小和性质的区别造成的蛋白质三级结构的变化，很可能对一些重要蛋白质的合成和反应性能产生了一定的影响。

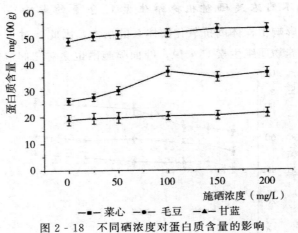

图 2 - 18　不同硒浓度对蛋白质含量的影响

从图 2 - 18 中可以看出，当喷施硒浓度低于 100 mg/L 的时候，蛋白质和氨基酸的含量显著升高；当喷施的硒浓度为 100 mg/L 时，菜心的蛋白质和氨基酸含量分别是对照普通菜心的 1.45 倍和 1.54 倍；当硒浓度从 100 mg/L 上升到 150 mg/L、200 mg/L 的时候，其相应的蛋白质和氨基酸含量呈缓慢上升趋势；

而当硒浓度增大到 300 mg/L 的时候，蛋白质和氨基酸含量呈显著下降趋势。对毛豆和甘蓝进行施硒处理也可提高蛋白质的含量，这一趋势与对富硒水稻和富硒灵芝的研究结果是一致的，即低含硒量可以提高植株中蛋白质和氨基酸的含量而高含硒量会使蛋白质和氨基酸含量增加的趋势减缓、甚至下降。

2. 富硒对毛豆蛋白分子量分布的影响

高效液相分子体积排阻色谱是用来分离蛋白质分子的有效方法。本实验采用高分子蛋白质分离柱，对富硒处理前后的毛豆分离蛋白进行了分子量的测定，排阻色谱图如图 2 - 19 所示。

对照样品是未经富硒处理的毛豆分离蛋白。由图 2 - 19 可以看出，未经处理的大豆分离蛋白呈多分散型分子量分布。由标准蛋白曲线可知，其蛋白分子量主要集中在 300～550 ku，占总量的 60％，其中 350 ku 的分子占总量的 36％，低于 100 ku 分子占总量的 20％，高于 1000 ku 分子占总量的 6.5％。

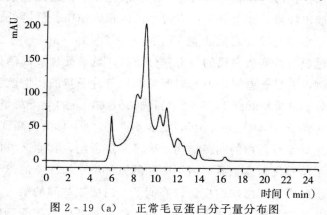

图 2 - 19（a）　正常毛豆蛋白分子量分布图

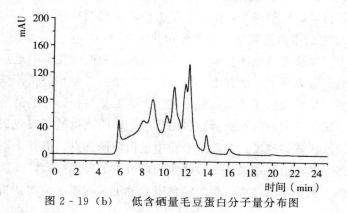

图 2 - 19（b）　低含硒量毛豆蛋白分子量分布图

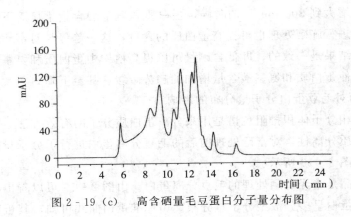

图 2 - 19（c）　高含硒量毛豆蛋白分子量分布图

排阻色谱是根据分子大小进行分离的。固定相表面具有一定规律分布的孔，溶剂小分子在孔中扩散的体积大，大分子的扩散体积小，因此，小分子将占据较多的孔体积，馏出较慢，而大分子占有较小的体积先馏出。低硒处理和高硒处理的蛋白质分子量出峰时间和对照组是一样的［图 2 - 19（a）～图 2 - 19（c）］。这说明施硒处理没有改变蛋白质的种类和分子量，低硒处理和高硒处理之间各分子量组分的比例没有显著差异，但与对照组相比各分子量的比例改变有显著性差异。300 ku 的分子总量降低到 17％～20％，300～460 ku 的分子总量降低到 40％，高于 1000 ku 的分子为 5.0％～6.0％，低于 100 ku 分子总量提高到 35％～40％。这说明富硒处理对毛豆蛋白的四级结构产生了一定影响，其原因可能是硒原子取代硫原子进入蛋白质代谢途径后，由于硫和硒原子尺寸和性质的差异，造成二硫键的断裂以及蛋白质空间结构的变化，降低了蛋白质亚基间的结合，维持蛋白质四级结构的非共价键作用力如疏水相互作用、静电相互作用等受到影响，亚基解离，大分子蛋白质的比例降低，而小分子蛋白质的比例升高。

3. 富硒对毛豆蛋白质亚基分子量分布的影响

采用聚丙烯酰胺凝胶电泳技术对普通毛豆蛋白和低硒及高硒毛豆的蛋白组分进行分离。电泳结果显示，硒并不改变毛豆中的蛋白质亚基分布，但硒含量不同会影响不同分子量的蛋白质或肽链的浓度。含硒毛豆与普通毛豆的蛋白谱带基本一致，未见有蛋白带的消失和新蛋白带的出现，说明硒被毛豆吸收进植株内，虽然影响了蛋白质代谢的速度，提高了籽粒中蛋白质的含量，但并未影响蛋白质代谢的途径，这个结果与富硒灵芝和富硒水稻研究中的发现一致，即适量的硒处理有利于生物体中蛋白质的合成，但生物体吸收硒进入代谢，不改变蛋白质原来的合成代谢途径。

（四）外施不同浓度硒对植株氨基酸含量的影响

表 2 - 9　不同喷施浓度对菜心氨基酸含量的影响（干基）单位：g/mg

Se 含量（mg/L）	CK（对照组）	50	100	150	200	300
Asp	1.9535	2.1856	3.0192	2.8036	2.7185	1.8997
Glu	2.7122	2.9448	4.9378	3.8573	4.0651	2.4411
Ser	0.8649	0.8544	1.2333	1.1658	1.1319	0.8131
His	0.4225	0.4698	0.5943	0.5566	0.5334	0.3485
Gly	1.0225	1.1572	1.4404	1.3413	1.3163	1.0060
Thr	0.8418	0.9909	1.1995	1.1732	1.2220	0.8661
Ala	0.4913	0.5670	0.8443	0.7406	0.7834	0.4826
Arg	2.1170	2.3787	2.9960	2.8587	2.8702	2.0755
Tyr	0.5015	0.5919	0.7412	0.7329	0.7729	0.5266
Cys—s	0.0271	0.0373	0.0140	0.0462	0.0593	0.0301
Val	1.2019	1.3390	1.7014	1.5772	1.4971	1.1270
Met	0.1756	0.1727	0.1539	0.2303	0.0952	0.0501
Phe	0.9858	1.1149	1.4245	1.3655	1.3480	0.9617
lie	0.8465	0.9473	I.1808	1.1047	1.0129	0.7852
Leu	1.4533	1.6868	2.0863	2.0204	2.0447	1.4637
Lys	0.7302	0.9090	1.3134	1.1845	1.2532	0.7263
Pro	0.7640	0.9969	1.2292	1.1195	1.1982	0.8143

从上表可以看出，17 种氨基酸无论是施硒还是没有施硒，或者施硒的浓度不同它们之间的两两比较没有显著性差异，但是施硒与否对氨基酸组成是有一定影响的，影响程度显著。浓度对氨基酸影响比较显著，但是其中硒浓度在150 mg/L 与 200 mg/L 之间几乎没有差异。施硒对总氨基酸含量的影响也是随外施浓度的升高，呈先上升后下降的趋势。

表 2 - 10　不同喷施浓度对毛豆氨基酸含量的影响（干基）单位：g/mg

Se 含量（mg/L）	CK 对照组	50	100	150	200
Asp	5.9270	6.1166	6.2066	6.096	6.4818
Glu	9.5733	10.0608	10.1789	10.1904	10.7254

Se 含量（mg/L）	CK 对照组	50	100	150	200
Ser	2.7485	2.9555	2.6531	2.9079	2.6465
His	1.4279	1.5949	1.7414	1.5396	1.7202
Gly	2.1620	2.2137	2.2487	2.2482	2.3573
Thr	1.8536	1.9323	1.8619	1.9524	1.9361
Arg	3.5117	3.7299	3.8254	3.8156	3.9306
Ala	3.5116	2.1154	2.3859	2.1651	2.2715
Tyr	2.0767	1.6523	1.6174	1.6436	1.6734
Cys－s	1.5791	0.2128	0.1717	0.1941	0.1534
Val	0.1660	3.0606	3.1169	3.1292	3.4325
Met	3.072687	0.1866	0.4428	0.2115	0.3654
Phe	0.1968	2.7557	2.7810	2.7890	2.8756
He	2.5163	2.4827	2.5891	2.5487	2.8141
Leu	4.1233	4.1923	4.0911	4.2520	4.4511
Lys	2.9638	3.1641	3.2571	3.2342	3.3224
Pro	1.6954	1.8110	1.6168	2.3976	1.8378

从表 2 - 10 中可以看出，喷施与否对毛豆氨基酸组成没有影响。但是硒溶液浓度相差超过 100 mg/L 以上对氨基酸组成有显著影响。总氨基酸含量随着喷施浓度升高而增加。

现在一般认为硒以两种方式来促进蛋白质合成代谢：一是无机硒进入植物体内后，硒以硒代含硫氨基酸形式直接参与蛋白质合成，从而减少了游离氨基酸中半胱氨酸、蛋氨酸的含量；二是硒可能是植物体内一种转运 RNA 核糖核酸链的必要组分，具有转运氨基酸用于蛋白质合成的功能，从而对其他氨基酸也有影响。现已证实植物体内确实存在这种具有硒代半胱氨酸残基的转运 RNA。

有研究人员采用气相色谱—质谱的方法测定了富硒处理对花椰菜中总氨基酸和游离氨基酸含量的影响，研究发现，比起未经硒处理的样品，富硒处理的花椰菜必需氨基酸的含量更高，总的游离氨基酸含量也有所增加，高含硒样品中谷氨酸含量提高了很多。施硒能够增加水稻有效穗和实粒数，降低空秕率，提高结实率与千粒重，提高籽粒产量，施用硒肥还能提高稻米中氨基酸的含量。小麦施硒可使麦粒的氨基酸组成发生相应的变化，使其苯丙氨酸减少 12.7%，而作为小麦的第一限制性氨基酸——赖氨酸增加 15.6%，从而弥补了小麦赖氨酸含量的不足。

（五）外施不同浓度硒对植株可溶性糖含量的影响

植株内糖的变化可反映植株内部淀粉合成的变化以及光合作用的变化，蔬菜中可溶性糖含量的变化见图 2 - 20。

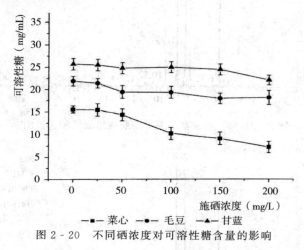

图 2 - 20　不同硒浓度对可溶性糖含量的影响

图 2 - 20 表明，菜心植株可溶性糖含量随硒浓度的升高呈先下降后上升的趋势，且 200 mg/L 硒处理后的菜心可溶糖含量比普通对照组菜心要显著降低，只有对照组的 46.3%，而甘蓝和毛豆中的可溶性糖含量也均比对照组低。

这一情况与在富硒灵芝中的研究反差较大，这可能是由于生物种类不一样的缘故。有研究人员研究硒对马铃薯碳水化合物含量的影响，发现硒含量较高的土壤可推迟匍匐枝和根的成熟，可提高马铃薯植株淀粉含量。

硒离子进入植株体内，对植株生长过程中可溶性糖和蛋白质的合成和代谢机制的影响还需要进行深入的探讨和研究。

（六）施硒处理对脂肪酸含量的影响

采用抽提法对不同浓度硒处理的毛豆进行脂肪酸含量的测定，结果表明，富硒处理会降低毛豆中脂肪酸的含量，使油脂含量从对照组的 18.1% 降低到低硒组的 17.6% 和高硒组的 16.2%。脂肪酸组成的变化可见图 2 - 21。

通过气相色谱－质谱检测脂肪酸的组成发现，毛豆富硒处理后脂肪酸的组成发生一定改变，其中十四酸、花生酸、二十碳烯酸、二十二碳烯酸的比例没有显著变化，但是软脂酸和硬脂酸的比例呈上升趋势，亚油酸和亚麻酸的比例呈下降趋势。

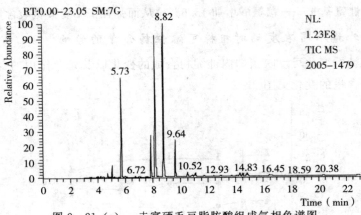

图 2 - 21（a）　未富硒毛豆脂肪酸组成气相色谱图

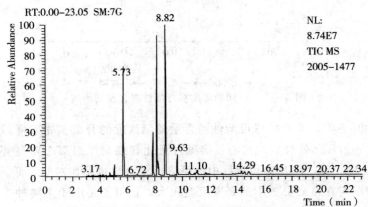

图 2 - 21（b）　低含硒量毛豆脂肪酸组成气相色谱图

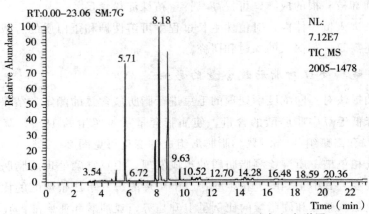

图 2 - 21（c）　高富硒量毛豆脂肪酸组成气相色谱图

脂肪酸的变化也许可以通过脂肪酸的合成和降解机理来解释。脂肪酸合成途径中重要的三碳单元中间体为丙二酸单酰辅酶 A（Malonyl－CoA），其中硫是丙二酸单酰辅酶 A 的重要组成元素，而硒和硫是竞争元素，硒可以替代硫元素与蛋白质和酶结合，改变蛋白质的空间结构和化学性质，造成含硫酶活力的降低，从而降低种子中油脂的积累。在脂肪酸的降解途径中，饱和脂肪酸和不饱和脂肪酸的代谢途径是不一样的。在脂肪酸的氧化过程中，脂肪酸在硫激酶的作用下形成脂酰辅酶 A，然后在脂酰辅酶 A 脱氢酶的作用下形成反式烯酰辅酶 A，进一步水和、脱氢然后受第二个辅酶 A 作用发生硫解，这步反应是在 β－酮硫解酶的催化下进行的。不饱和脂肪酸也是通过氧化而降解，但是它所需要的是烯酰辅酶 A 异构酶和 2，4－二烯酰辅酶 A。因此，不同的酶作用代谢途径造成了脂肪酸组成和积累的不同。

三、讨 论

适度的硒处理可提高蔬菜的叶绿素和维生素 C 的含量，降低可溶性糖的含量。富硒处理可提高蔬菜中蛋白质含量，但蛋白质的分子量分布和亚基分布无显著变化，各喷施处理组样品中总氨基酸相比对照组氨基酸来说按倍率增加，但是组成比例不变。游离氨基酸的变化趋势与总氨基酸相同。

硒处理虽然会提高硒和叶绿素含量，但是通过对大蒜进行硒处理发现，硒处理会降低类黄酮的含量，并且硒浓度和大蒜素之间存在强烈的负相关关系，因此，研究人员认为如果生产补硒大蒜的话，必须接受某些营养成分会降低的结果。

根据研究人员研究，芸薹属蔬菜中硒含量增加，会造成其他营养成分如异硫氰酸酯含量的降低。培养液中添加 1 mg/L 的硒会造成异硫氰酸酯前体物质 4－甲基亚磺酰丁基芥子油苷含量的降低，当培养液硒浓度提高到 9 mg/L 时，异硫氰酸酯的含量只有对照组的 33%。有研究表明芸薹属蔬菜经过富硒处理后，会造成很多硫代葡萄糖苷和苯酚含量的降低。高浓度硒含量的花椰菜中异硫氰酸盐的含量只有对照花椰菜的 4%。另外，脂肪族异硫氰酸酯和 4－甲基亚磺酰丁基芥子油苷含量显著降低，羟基桂皮酸甲酯的含量也大大降低了。

通过对动物食用富硒花椰菜的研究，结果表明，在动物细胞中硒和硫代葡萄糖苷之间存在交互作用，脂肪族异硫氰酸酯诱导硒蛋白硫氧还蛋白酶的生成，而硫氧还蛋白酶的活力受到食物中的硒和脂肪族异硫氰酸酯的协同效应影响。

虽然较多的研究显示硒处理会降低异硫氰酸酯的含量，然而有研究人员研究富硒处理对六种最常食用的芸薹属植物——西兰花、菜花、卷心菜、大白菜、甘蓝和芽甘蓝幼苗发现，异硫氰酸酯的含量并未显著降低，每种芸薹属积累异硫氰酸酯的种类和数量不同，菜花包含高浓度抗癌组分的前体物质葡萄糖异硫氰酸酯，硒的供给不影响葡萄糖异硫氰酸酯在幼苗中的积累。因此，我们可以认为芸薹属幼苗可以用来积累甲基硒代半胱氨酸同时不降低保健功能成分葡萄糖异硫氰酸酯的含量。

这些研究也表明了实验设计时应充分考虑不同种属蔬菜的差异性和不同生长期对实验结果的影响。生物活性物质之间的协同效应还可能会在食用这些食物的动物体内引起不期望的生物影响。此外，对于由此发生的代谢过程变化引起的功能性后果的理解非常重要。忽略可能发生的协同效应有可能在一定场合丧失得到保健效果的机会，也有可能在另外的场合会引起对个别对象的潜在伤害。

因此，对于富硒蔬菜营养成分的研究表明了开发功能型食品的关键缺陷和机会。在富集食品中所期望的生物活性物质时，应综合考虑各种营养成分的变化和相互作用，从而保证产品的功能性和安全性。

第三章 果菜类富硒蔬菜栽培技术

第一节 富硒豆角高效栽培技术

一、富硒豆角的种植概念

豆角是各种豆科植物果实的统称，其中包括菜豆、大豆、豇豆等，还包括特质豇豆和菜豆（图3-1）。富硒豆角含有各种维生素和矿物质，常见的有白豆角和青豆角两种。

图3-1 豆角的分类

富硒豆角在我国长江以南各地，春、夏、秋三季均可栽培，生长季节长，但必须根据各种季节的气候条件，选择适当的品种。富硒豆角栽培一般分春季栽培和夏秋季栽培两种。春季栽培于2月下旬至3月下旬育苗，3月下旬至4月下旬定植，6月上旬至8月中旬采收，7月下旬至8月上旬采种。夏秋季栽培于5月中旬至8月初播种，7月上旬至10月下旬采收。

富硒豆角营养丰富，含脂肪、蛋白质、淀粉、矿物质以及8种氨基酸。富硒豆角销售价格比普通豆角高20%以上，但医疗保健效果显著，深受消费者青睐，国内外市场需求量大。因此，种植富硒豆角是农民增收、企业增效的重要途径。

二、富硒豆角的种类

富硒豆角包括菜豆、大豆、豇豆等，还包括特质豇豆和菜豆。

（一）菜豆

菜豆，又称芸豆（俗称二季豆或四季豆），豆科菜豆属（图3-2）。芸豆原产墨西哥和阿根廷，我国在16世纪末期才开始引种栽培。菜豆喜温暖，不耐霜冻，属短日性蔬菜，但多数品种对日照长短要求不严格，四季都能栽培，南北各地均可相互引种。菜豆对土质的要求不严格，但适宜生长在土层深厚、排水良好、有机质丰富的中性土壤中。菜豆对肥料的要求以磷、钾较多，氮也需要，在幼苗期和孕蕾期要有适量氮肥供应才能保证丰产。菜豆在整个生长期间要保持湿润状态。菜豆根系发达，所以能耐一定程度的干旱，但开花结荚时对缺水或积水尤为敏感，水分过多会引起烂根。

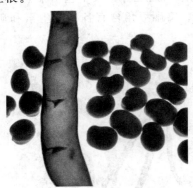

图3-2 菜豆

（二）豇豆

一年生缠绕草本，无毛，俗称角豆、姜豆、带豆（图3-3）。豇豆分为长豇豆和饭豇两种。豇豆顶生小叶菱状卵形，长5～13 cm，宽4～7 cm，顶端急尖，基部近圆形或宽楔形，两面无毛，侧生小叶斜卵形；托叶卵形，长约1 cm，着生处下延成一短距。豇豆为总状花序腋生；萼钟状，无毛；花冠淡紫色，长约

2 cm，花柱上部里面有淡黄色须毛，荚果线形下垂，长可达 40 cm。

图 3 - 3　豇豆

三、富硒豆角栽培环境的选择

富硒豆角对栽培环境条件的要求包括以下两个方面。

（一）产地环境

富硒豆角生产需要在适宜的环境条件下进行。生产基地要远离城区、工矿区、交通主干线、工业污染源、生活垃圾场等。生产基地宜选择地势平整、土层深厚、土壤肥沃、理化性状良好的壤土或沙壤土，且基地的环境质量应符合国家各项标准。

（二）富硒豆角基地建设要求

① 总体要求。富硒豆角生产过程中应尽量少使用化学合成的农药、肥料、除草剂和生长调节剂等物质，应遵循自然规律，应用生态学原理，采取一系列可持续发展的农业技术，协调种植及种养关系，促进生态平衡和资源的可持续利用。富硒豆角不耐涝，忌连作，宜种植在排水、保水良好的沙壤土及黏质壤土中，土壤 pH 以 6.2~7.0 为宜。在富硒豆角的生产过程中我们必须建立严密的组织管理体系，如生产协会、龙头企业，并统一按照生产技术规程操作。

② 基地的完整性。富硒豆角基地的土地应是完整的地块，其间不能夹有进行常规生产的地块，但允许夹有富硒转换地块。富硒豆角基地与常规生产地块交界处必须有明显标记，如河流、山丘、人为设置的隔离带等。

③ 转换期。按照富硒食品生产方式生产的豆角才是富硒豆角。豆角常规生产转为富硒生产应有转换期，转换期的开始时间从提交认证申请之日算起。富硒豆角的转换期一般不少于 24 个月。如富硒豆角种在新开荒的、长期撂荒的、长期按传统农业方式耕种的或有充分证据证明多年未使用禁用物质的农田，也应经过至少 12 个月的转换期。转换期内必须完全按照富硒农业的要求进行管理。经

富硒转换后的田块中生长的豆角，方可以作为富硒转换豆角销售（图 3 - 4）。

图 3 - 4　富硒豆角

④ 设置缓冲带或物理障碍物。如果基地的富硒地块与常规地块之间缺乏天然隔离带，富硒地块有可能受到邻近的常规地块影响，那么在富硒地块和常规地块之间必须设置缓冲带或物理障碍物，以保证富硒地块不受污染。缓冲带长度要求在 8 m 以上。

⑤ 建立堆肥场及沼气池。在大力发展富硒肥源性畜牧业的基础上，在田间或村庄建立富硒肥堆肥场、沼气池，以确保豆角富硒肥肥源。

四、富硒豆角的种植过程

富硒豆角的种植过程基本相同，下面以富硒豇豆为例简单介绍富硒豆角的种植过程。

（一）培育壮苗

豇豆育苗可采用营养钵、纸袋或营养土块三种方式。

① 选种。精选饱满、粒大、无病虫害、色泽好、无损伤并具有该品种特征的种子。播种前选择晴天晒种 2～3 天，温度以 25～35 ℃为宜，并摊晒均匀。用温水（30～35 ℃）浸种 3～4 h 或冷水浸种 10～12 h，稍凉后即可播种。但如果在地温低、土壤过湿的地块种植，不宜浸种。

② 营养土配制。育苗营养土以疏松肥沃为原则，可用腐熟的猪粪与田园土按质量为 4：6 的比例配制，也可用人粪 2 份、马粪土 4 份、田园土 4 份的比例配制。

③ 播种。向营养钵或纸袋内装入营养土，并浇透水，晾晒 1～2 天，当水分

合适时，每个营养钵或纸袋播3粒种，覆土2～3 cm，然后放入塑料拱棚内保湿育苗。土块育苗法首先要给苗床浇水，第2天用刀把床土切成块，每块1株苗，土块间隙用细土填满。

④ 苗期管理。塑料拱棚内，温度保持在25 ℃以上，5～7天后出苗，在子叶展开前扣小拱棚。子叶苗生长期，拱棚内白天温度保持在25～28 ℃，晚上15～18 ℃，定植前1周进行揭膜炼苗，整个苗期30～35天。

（二）整地定植

① 整地施肥。豇豆主根入土深，侧根发达，播种前需深耕土地20 cm以上，并施腐熟有机厩肥45～60 t/hm²、过磷酸钙450～750 kg/hm²做底肥，耕后耙平，再做小畦开排水沟，以确保旱能灌、涝能排。我国北方雨水偏少，土层深厚、疏松地块可做平畦或低畦直播，而南方雨水偏多，土壤易板结，宜做高畦播种，一般垄面宽1.2 m，沟宽0.3 m，深0.2 m。

土壤应深翻耙细，畦连沟宽1.4～1.6 m，面宽0.8～1.0 m，畦面呈龟背形为宜。畦中开沟，每亩埋施栏肥220 kg（或鸡粪1000 kg），加碳酸氢铵3 kg、过磷酸钙3 kg、硫酸钾2 kg，对于缺硼田地还需加硼砂2～2.5 kg，覆土后加喷E—2001液体肥100倍液。

② 定植。豇豆苗龄30～35天定植，每穴2～3株。每畦栽2行，行距45 cm，穴距25～30 cm，每亩2500～3000穴。

（三）水肥管理

豇豆喜肥但不耐肥，水肥管理主要包括三个方面。

一是施足基肥，及时追肥。

二是增施磷、钾肥，适量施氮肥。

三是先控后促，防止徒长和早衰。

（四）植株调整

为了调节生长，促进开花结荚，豇豆大面积单作时，可采取整枝打尖措施，主要方法如下。

① 抹侧芽。将主茎第一花序以下的侧芽全部抹去，保证主蔓健壮。

② 打腰杈。主茎第一花序以上各节位的侧枝，在早期留2～3叶摘心，促进侧枝上形成第一花序。盛荚期后，在距植株顶部60～100 cm处的原开花节位上，还会再生侧枝，也应摘心保留侧花序。

③ 摘心（打顶）。主蔓长15～20节（高2～3 m）摘除顶尖，促进下部侧枝花芽形成。

④ 搭架吊蔓。搭高 2.0～2.2 m 的倒人字架，或每穴垂直扦杆，或用塑料绳垂直吊蔓。在生长过程中需进行 3～4 次吊蔓上架。

⑤ 揭膜。根据气温上升情况，适时揭去大棚顶膜进行通风降温，这样有利于长豇豆的生长。

（五）大棚富硒豆角栽培技术

①育苗。富硒豆角种子较小，抗寒能力弱，播种前对种子进行精选是保证苗全、苗壮的关键。富硒豆角以往多采用直播法，近几年大棚内实行育苗移栽法，这样可充分保护根系不受损伤，便于上下茬安排，不但可以早播、早收，提前上市，还能保证苗全、苗壮，促进豆角开花结荚，增加产量。实践证明，育苗可比直播增产 27.8%～34.2%，提早上市 10～15 天。富硒豆角直播茎叶生长旺盛而结荚少，育苗移栽结荚多。从生理上讲，富硒豆角育苗期正处在短日照下，对花芽分化有利，故开花结荚部位低（图 3-5）。育苗移栽多采用小塑料袋和纸筒（纸钵）育苗，也可采用 5 cm×5 cm 营

图 3-5 豆角花

养土方块育苗，每穴 2～3 粒种，浇透水，注意保温和控制徒长。育苗期要根据前茬蔬菜的拔秧期推算，苗龄一般为 20～25 天。一般在冬至前后育苗，这是为了种子发芽和杀死附着在种皮上的虫卵、病菌。一般采用高温消毒籽播种，即先将种子精选，放在盆中用 80～90 ℃的热水将种子迅速烫一下，随即加入冷水降温，保持水温 25～30 ℃左右 4～6 h，捞出后播种，一般不再播前催芽。

② 整地施基肥和做畦。富硒豆角喜土层深厚的土壤，播种前应深翻 25 cm，结合翻地铺施土杂肥 5000～10000 kg，过磷酸钙 10 kg 或磷酸二铵 10 kg，钾肥 5 kg，隔天喷 E－2001 液体肥 300 倍液。整地后做畦，畦宽 1.2～1.3 m，每畦移栽两行豆角，穴距 20 cm 左右，每穴移栽 2 株。

③ 插架、摘心、打杈。待富硒豆角甩蔓插架后，可将第一穗花以下的杈子全部抹掉，主蔓爬到架顶时摘心，后期的侧枝坐荚后也要摘心。主蔓摘心能促进侧枝生长，抹杈和侧枝摘心能促进富硒豆角生长。

④ 先控后促管理。富硒豆角根深耐旱，生长旺盛，比其他豆类蔬菜更容易出现营养生长过旺的现象，加之大棚栽培（图 3-6）光照弱、温度高、肥力足，营养生长旺盛就更为突出，进而影响开花结荚。田间管理上要先控后促，防止茎叶徒长和早衰。富硒豆角从移栽到开花前，以控水、中耕促根为主，进行适当蹲苗，促进开花结荚；富硒豆角坐荚后，要充分供应肥水，提高开花结荚率。具体

做法：育苗移栽豆角浇定苗水和缓苗水后，随即中耕蹲苗、保墒提温，促进根系发育，控制茎叶徒长；富硒豆角出现花蕾后可浇小水，再中耕，初花期不浇水；当第一花序开花坐荚后，几节花序显现后，要浇足头水；头水后，茎叶生长很快，待中、下部荚伸长，中、上部花序出现时，再浇第2次水，之后进入结荚期，见干就浇水，才能获得高产；采收盛期，随水追喷E—2001液体肥300倍一次。

图3-6　大棚豆角

五、富硒豆角的种植管理方法

（一）田间管理

① 富硒豆角可直播，也可育苗移栽，一般都采用后一种方法。育苗移栽可适当抑制营养生长，促进生殖生长。选好土地后施入底肥，适当浇水，选用抗病种子，然后用新高脂膜拌种，这样能驱避地下病虫，隔离病毒感染，不影响萌发吸胀功能，加强呼吸强度，提高种子发芽率。

② 富硒豆角的定植期要根据栽培方式和生育指标来确定。采用营养土块育苗时，一般第一复叶开展时即可定植。采用营养钵育苗时可延迟至第2～3片复叶开展时定植。幼苗移栽后，喷施新高脂膜，可有效防止地上水分蒸发和苗体水分蒸腾，隔绝病虫害，缩短缓苗期，使幼苗快速适应新环境，健康成长。

③ 富硒豆角生长前期不宜多施肥，这是因为肥水过多，会引起徒长。种植间期要合理浇水、施肥、除草、防病虫害。另外，还要喷施针对性药物和新高脂膜，这样可以大大提高农药和养肥的有效成分利用率。

④ 当植株开花结荚以后，应增加肥水。富硒豆角抽蔓后要及时搭架，架高2.0～2.5 m，搭好架后要及时引蔓，引蔓要在晴天下午进行，不要在雨天或早晨进行，以防豆蔓被折断。

（二）科学施硒

1. 培育机理

富硒豆角是运用生物工程技术原理培育的。在豆角生长发育过程中，叶面和幼荚表面喷施"粮油型锌硒葆"（原粮油型富硒增甜素），通过豆角自身的生理生化反应，将无机硒吸入豆角植株体内转化为有机硒富集在豆角果实中。经检测，硒含量大于等于 0.01 mg 的豆角即称为富硒豆角。

2. 使用方法

将粮油型锌硒葆 21 g 加卜内特 5 mL、水 15 kg，充分搅拌均匀，然后均匀地喷洒到叶片正反面及幼荚表面。豆角甩蔓期、开花期、结荚期分别施硒 1 次，每次施硒溶液 450 kg/hm²。

3. 注意事项

宜选阴天和晴天的下午 4 时后施硒，喷施均匀，雾点要细。若施硒后 4 h 内遇雨，应补施 1 次。硒溶液宜与卜内特等有机硅喷雾助剂混用，以增加溶液扩展度和附着力，延长硒溶液在叶面和豆荚表面的滞留时间，增强施硒效果。硒溶液可与酸性和中性农药、肥料混用，但不能与碱性农药、肥料混用。采收前 20 天停止施硒。

六、富硒豆角的肥料选择

富硒豆角的根系较发达，但是其再生能力比较弱，主根的入土深度一般为 80～100 cm，群根主要分布在 15～18 cm 的耕层内，侧根稀少，根瘤也比较少，固定氮的能力相对较弱。富硒豆角根系对土壤的适应性强，但以肥沃、排水良好、透气性好的土壤为好，过于黏重和低湿的土壤不利于其根系的生长和根瘤的活动。

富硒豆角生长前期不宜多施肥，这是为了防止肥水过多，引起徒长，影响开花结荚。幼苗成活后浇 1 次腐熟粪水，当植株开花结荚以后，一般追肥 2～3 次，每亩每次追腐熟人粪尿 75～1000 kg，这样可以促进植株生长，使其多开花、结荚。豆荚盛收期，应增加肥水，此时如缺肥缺水，植株就会落花落荚，茎蔓生长衰退。摘心后还可翻花，延长富硒豆角采收期。

富硒豆角对肥料的要求不高，在植株生长前期（结荚期），由于根瘤菌尚未充分发育，固氮能力弱，应该适量供应氮肥。开花结荚后，植株对磷、钾元素的需要量增加，根瘤菌的固氮能力增强，这个时期营养生长与生殖生长并进，对各种营养元素的需求量都增加。相关研究表明，每生产 1000 kg 富硒豆角，需要纯氮 10.2 kg、磷 4.4 kg、钾 9.7 kg，但是因为根瘤菌的固氮作用，富硒豆角生长过程中需钾素营养最多，磷素营养次之，氮素营养相对较少。因此，在富硒豆角栽培过程中应适当控制水肥，适量施氮肥，增施磷、钾肥。

春播苗期不施肥，复种夏播时，播前未施有机肥的可采取开沟或挖穴的方式追施尿素 37.5～45.0 kg/hm²、过磷酸钙 150～225 kg/hm²、氯化钾 30～45 kg/hm²。富硒豆角开花结荚后，应根据苗情、地情，追施肥水 2～3 次。应多施磷、钾肥，以达到增产效果，而对于沙质土壤，其保肥保水能力弱，应勤施少施。

七、富硒豆角的病虫防治

在富硒豆角生产过程中，病虫害防治要坚持"预防为主，防治结合"的原则。

在病害防治上，可以用石灰、波尔多液预防富硒豆角的多种病害；允许有限制地使用含铜的材料，如用氢氧化铜、硫酸铜防治富硒豆角真菌性病害；可以用能抑制富硒豆角真菌病害的软皂、植物制剂、醋等防治富硒豆角真菌性病害；允许使用高锰酸钾作为杀菌剂，防治多种富硒豆角病害；允许使用微生物及其发酵产品防治病害。

在虫害防治上，我们提倡通过释放寄生性、捕食性天敌（如赤眼蜂、瓢虫等）来防治虫害；允许使用植物性杀虫剂或当地生长的植物提取剂（如大蒜、薄荷、鱼腥草的提取液）等防治虫害；可以在诱捕器和散发器皿中使用性诱剂（如糖醋诱虫）防治虫害；允许使用视觉性（如黄粘板）和物理性捕虫设施（如防虫网）防治虫害；可以有限制地使用鱼藤酮、乳化植物油和硅藻土来杀虫；允许有限制地使用微生物及其制剂，如杀螟杆菌等。

（一）常见病害

（1）炭疽病

① 主要症状。在幼苗期至采收后期植株地上部分均可受害，但主要为害豆荚。炭疽病为害豆荚时，初生褐色小斑点，不久扩展成圆形或近圆形病斑，边缘深红色。严重时，造成富硒豆角腐烂（图 3-7）。

图 3-7　豆角炭疽病

② 防治方法。农业防治：从无病田、无病荚上采种，购买无病种子。对种子进行筛选，严格剔除带病种子。播种前用 45 ℃温水浸种 10 min。药物防治：可用波尔多液喷洒中心病株或用高锰酸钾加竹醋液防治。一般隔 5～7 天喷 1 次药，连喷 2～3 次。喷药时要特别注意叶背面，喷药后遇雨应及时补喷。

（2）锈病

① 主要症状。病害主要发生在叶片上，严重时，也为害茎、叶柄和豆荚。初发病时，一般多在叶背出现淡黄色小斑点，稍突出，后为锈褐色，扩大发展成红褐色的夏孢子堆，表皮破裂后，散发出红褐色的粉末，此时叶正面，可见褪绿色斑点（图 3-8）。发病后期孢子堆转成黑色，为冬孢子堆。有时叶脉上也能产生夏孢子堆，叶片变形，早落。有时叶面或叶背可见略凸起的白色疱斑，即病菌的锈子腔。种荚染病后，也产生夏孢子堆和冬孢子堆。

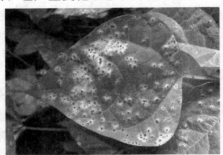

图 3-8 豆角锈病

② 防治方法。农业防治上采用清除田间病残株，减少病源的方法。合理密植，降低田间湿度也可防治锈病。药物防治上同炭疽病。

（二）常见虫害

（1）蚜虫（图 3-9）

图 3-9 豆角蚜虫

防治方法：保护天敌，如瓢虫、赤眼蜂等；挂黄板诱杀或用银灰膜驱避；喷洒浓度为 0.3％百草一号植物杀虫剂 1000～1500 倍液或浓度为 0.3％苦参碱植物杀虫剂 1500～2000 倍液防治；用烟草水杀虫（0.5 kg 烟草＋石灰 0.5 kg＋水 20～25 kg 密闭，浸泡 24 h）。

（2）豆类螟

防治方法：利用天敌如金小蜂、赤眼蜂等杀灭；用性诱剂诱杀；用大蒜汁液叶面喷雾防治；用浓度为 0.3％苦参碱植物杀虫剂 1500～2000 倍液防治；植物源除虫菊酯药液防治。

八、富硒豆角的加工与运输

（一）储藏特性

高温下豆荚里的籽粒迅速生长，荚壳中的物质很快被消耗，导致豆荚迅速衰老、变软、变黄、豆荚脱水皱缩、籽粒发芽等，因此生产上多采用低温储藏。一般在储温为 7～8 ℃、相对湿度 80％～90％的条件下，富硒豆角最长也只能储藏 2 个星期。

（二）采收与包装

作为储藏或远销的富硒豆角，以采收生长饱满、籽粒未显露的中等嫩度豆荚为宜。太嫩的豆荚含水量高，干物质不充实，易失水；过老的豆荚，纤维化程度高，品质低劣，不耐储藏。采收富硒豆角时尽量不要损伤留下的花序及幼小豆荚。采摘后将过小的、鼓粒的和有破损的富硒豆角挑出，然后装筐（箱）。装筐（箱）是把富硒豆角一行一行平摆，中间留一定空隙，不要塞得过紧，然后搬入冷库内码垛，罩上塑料薄膜（图 3 - 10）。

图 3 - 10　豆角扎捆

（三）储藏运输

富硒豆角的储藏温度要求保持在 7～8 ℃，相对湿度 80%～90%。需储运 2 周以上的富硒豆角要用冷库储藏或冷藏车运输；储运 1 周以内的富硒豆角可在箱外四周及车顶放置足够的碎冰，使产品保持在较低温度下。

第二节　富硒黄瓜高效栽培技术

一、富硒黄瓜的价值

（一）富硒黄瓜的营养价值

1. 抗癌

富硒黄瓜尾部含有较多的苦味素，苦味素有抗癌的作用。

2. 抗肿瘤

富硒黄瓜中含有的葫芦素 C 具有提高人体免疫力的作用，能够达到抗肿瘤的目的。此外，葫芦素 C 还可治疗慢性肝炎和迁延性肝炎，对原发性肝癌患者有延长生存期作用（图 3 - 11）。

图 3 - 11　富硒黄瓜

3. 抗衰老

富硒黄瓜中含有丰富的维生素 E，可起到延年益寿，抗衰老的作用；富硒黄瓜中的富硒黄瓜酶，有很强的生物活性，能有效促进机体的新陈代谢。将富硒黄瓜捣成汁涂擦皮肤，有润肤、舒展皱纹的功效。

4. 防酒精中毒

富硒黄瓜中的丙氨酸、精氨酸和谷氨酰胺对肝脏病人，特别是对酒精性肝硬化患者有一定辅助治疗作用，富硒黄瓜还可防治酒精中毒。

5. 降血糖、降胆固醇，控制高血压

富硒黄瓜中所含的葡萄糖苷、果糖等不参与通常的糖代谢，故糖尿病人以富硒黄瓜代替淀粉类食物充饥，血糖非但不会升高，甚至会降低。

科研人员发现富硒黄瓜中的化合甾醇有助于降低胆固醇，富硒黄瓜中所含的大量膳食纤维、硒、钾和镁可有效调节血压。富硒黄瓜对高血压和低血压者均有益。

6. 减肥强体

富硒黄瓜中所含的丙醇二酸可抑制糖类物质转变为脂肪。此外，富硒黄瓜中的纤维素对促进人体肠道内腐败物质的排除和降低胆固醇有一定作用，故富硒黄瓜能强身健体。

7. 健脑安神

富硒黄瓜含有维生素 B1，对改善大脑和神经系统功能有利，能安神定志，辅助治疗失眠症。

除了上面这些药用价值，富硒黄瓜的保健功效也有很多。

1. 补充身体水分

当你口渴了不想喝水或者暂时喝不到水时，可以吃一根清淡的富硒黄瓜，富硒黄瓜的含水量高达 90％，可有效补充失去的水分。

2. 抗御体内灼热

食用富硒黄瓜可缓解胃的灼热感。

3. 补充日常所需维生素

富硒黄瓜中含有人体所需的维生素 A、维生素 E 和维生素 C，这些物质可提高机体免疫力，减少辐射危害。将富硒黄瓜和胡萝卜、菠菜一并食用，其效果更佳。

4. 美容

富硒黄瓜中含有较多的钾、硒、镁和硅元素。富硒黄瓜中含有一种酶，能有效促进机体的新陈代谢，扩张皮肤的毛细血管，促进血液循环，增强皮肤的氧化还原作用，有助于排出体内毒素，减少皱纹。这就是用富硒黄瓜水理疗皮肤的缘故。

5. 排毒防便秘，清扫体内垃圾

富硒黄瓜中含有细纤维素，这种纤维素能够促进肠道蠕动，加快体内废物的排出，增强新陈代谢，有利于"清扫"体内垃圾（图3-12）。

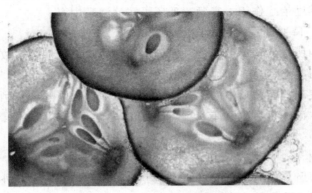

图3-12　富硒黄瓜片

6. 促进关节健康

富硒黄瓜中含有硅元素，硅能缓解关节炎和痛风，还可作用于结缔组织，促进关节健康。将富硒黄瓜、鱼和胡萝卜混合食用可降低尿酸含量，从而缓解痛风和关节炎引发的疼痛。

7. 保持肾脏健康

富硒黄瓜利尿，可降低体内的尿酸含量，从而保持肾脏的健康。

（二）适用人群

富硒黄瓜适用人群很广，肥胖人群、肝病患者（尤其是爱喝酒的肝病患者）、尿酸高的人群、想排毒养颜的人群及糖尿病人都可以吃。

科学研究表明，富硒黄瓜含有丰富的钾盐和一定数量的胡萝卜素、维生素C、维生素B1、维生素B2、糖类、蛋白质以及磷、铁、硒等营养成分，关键是还能对肝脏有很好的保护作用，经常吃药、喝酒的人，建议多食用富硒黄瓜。

（三）富硒黄瓜吃法

富硒黄瓜可生吃，也可凉拌，还可用作主料或辅料。

1. 富硒黄瓜藤

富硒黄瓜藤具有扩张血管、减慢心率、降低血压和降低胆固醇的作用，可以用来泡水喝。富硒黄瓜叶具有清热、化痰、利尿、除湿、滑肠、镇痛的作用。（图3-13）。

图 3 - 13　富硒黄瓜藤

2. 富硒黄瓜蒂

富硒黄瓜蒂能保护肝脏，预防酒精中毒。富硒黄瓜蒂中含有一种物质，叫"苦味素"（图 3 - 14）。它虽然有点苦，但是能提高人体免疫力，具有抗菌、化毒的功效，可用来治疗慢性肝炎和迁延性肝炎。

这种苦味之所以能清热、燥湿、通便、泻火，是由其中所含的葫芦素 C 引起的，而葫芦素 C 是难得的排毒养颜物质。

图 3 - 14　富硒黄瓜蒂

3. 富硒黄瓜汁

富硒黄瓜汁能调节血压，预防心肌过度紧张。每天喝一杯富硒黄瓜汁可以使神经系统镇静和强健，增强记忆力（图 3 - 15）。

图 3 - 15　富硒黄瓜汁

4. 富硒黄瓜皮

将富硒黄瓜皮煎水服用，可以防治唇炎、口角炎，并且对牙龈损坏和牙周病的防治有一定功效，还能预防头发脱落和指甲裂损（图 3 - 16）。

图 3 - 16　富硒黄瓜皮

5. 带刺的富硒黄瓜更好吃

什么样的富硒黄瓜好吃？顶端带黄色的小花，浑身带刺，有点扎手，这样的富硒黄瓜才新鲜，这样的富硒黄瓜才好吃（图 3 - 17）。

图 3 - 17　带刺的富硒黄瓜

二、富硒黄瓜的种类

富硒黄瓜的种类很多，大致可以分为春黄瓜、架黄瓜和旱黄瓜。就栽培品种而言大致有以下几种。

（一）津杂 3 号

津杂 3 号为中早熟品种，植株长势强，叶片肥而浓绿，主蔓和侧蔓均能结瓜（图 3 - 18）。为保证整个植株健康发育，应及时摘除基部长势强的侧枝。津杂 3 号第一雌花节位着生在 4～6 节。瓜条有棱，刺瘤较密。瓜长约 31 cm，质脆清香，商品性好，适于中小棚春露地、秋延后栽培。津杂3号对霜霉病、白粉病、枯萎病和疫病等病害有一定抵御能力。

图 3 - 18　津杂 3 号

（二）"锦丰"号

"锦丰"号黄瓜长势强，叶片小，耐弱光，以主蔓结瓜为主。"锦丰"号第一雌花在 2～3 节，瓜密，节成性好，比长春密刺等品种早上市 10 天左右。瓜条顺直，长 35～45 cm，茎粗 3～3.5 cm，瓜把较短，约 3 cm。"锦丰"号黄瓜瓜果色绿，有光泽，刺密，单瓜重 450 g 左右。"锦丰"号对角斑病、炭疽病等病害有一定抵御能力。

（三）园丰元 6 号

园丰元 6 号是山西夏县园丰元蔬菜研究所培育的，一代杂种，属中早熟品种。植株长势强，主侧蔓结瓜，雌花率高，瓜条直顺，深绿色，有光泽，瓜长 35 cm，白刺，刺瘤较密，瓜把短，品质优良，产量高，亩产 5000 kg（图 3 - 19）。园丰元 6 号适宜春、夏、秋种植。

图 3 - 19　园丰元 6 号

（四）早青 2 号

早青 2 号是广东省农科院蔬菜研究所育成的华南型黄瓜一代杂种。植株长势强，主蔓结瓜，雌花多。瓜圆筒形，皮色深绿，瓜长 21 cm（图 3 - 20），适合销往港澳地区，耐低温，抗枯萎病、疫病和炭疽病，耐霜霉病和白粉病。早春 2 号从播种至初收共 53 天，适宜春秋季节栽培。

图 3 - 20　早青 2 号

（五）津春 4 号

津春 4 号是天津科润黄瓜研究所育成的华北型黄瓜一代杂种。植株抗霜霉病、白粉病、枯萎病，主蔓结瓜，较早熟，长势中等，瓜长棒形，瓜长 35 cm。津春 4 号适宜春秋露地栽培。

（六）粤秀 1 号

广东省农科院蔬菜研究所最新育成的华北型黄瓜一代杂种。植株主蔓结瓜，雌株率达 65％，瓜棒形，长 33 cm（图 3 - 21），早熟，耐低温，较抗枯萎病、炭疽病，耐疫病和霜霉病。粤秀 1 号适宜春秋露地栽培。

图 3 - 21　粤秀 1 号

（七）中农8号

中农8号是中国农科院蔬菜花卉研究所育成的华北型黄瓜一代杂种。植株长势强，分枝较多，主侧蔓结瓜，抗霜霉病、白粉病、黄瓜花叶病毒病、枯萎病、炭疽病等多种病虫害。中农8号适宜春秋露地栽培。

三、富硒黄瓜的环境选择

富硒黄瓜喜温喜湿，适宜的气温为 22～28 ℃；适宜的地温为 10～38 ℃。

富硒黄瓜对水分很敏感，要求空气相对湿度为 60%～90%；土壤必须潮湿，田间最大持水量达到 70%～80%。

富硒黄瓜对光照的要求是光饱和点为 5.5×10^4 Lx，光补偿点为 2000 Lx。富硒黄瓜为短日照作物，对日照的长短要求不严格。在日照 8～11 h 条件下有利于富硒黄瓜提早开花结实（图 3 - 22）。

图 3 - 22　充足日照

富硒黄瓜喜肥，所以对营养条件的要求是氮、磷、钾肥必须配合施用。每生产 1000 kg 黄瓜，需氮 1.7 kg、磷 0.99 kg、钾 3.49 kg，而且在结瓜期需肥量占总需肥量的 80% 以上。富硒黄瓜在光合作用过程中对二氧化碳很敏感。

富硒黄瓜对土壤条件的要求是疏松肥沃、透气良好的沙壤土，土壤以 pH 5.5～7.0 为宜。

富硒黄瓜露地栽培，必须在无霜期内进行。富硒黄瓜可长年栽培生产，每茬生长期为 100～150 天，育苗期 30～65 天不等。一般春、夏茬在 3～4 月播种，5 月份开始采收；秋茬在 6～7 月份直播，需采取遮阳降温措施。富硒黄瓜温室栽培，必须选用耐低温、耐高湿、抗病、早熟的优良品种。秋、冬茬一般在 10～11 月份播种，12 月份定植；冬、春茬一般在 12 月份至翌年 1 月份播种，

2 月份定植。富硒黄瓜大棚栽培时，早春茬一般在 12 月份至翌年 1 月份播种，苗龄 40～50 天，3 月份定植。秋棚富硒黄瓜一般在 6～7 月份播种，苗龄 30 天左右，多数采用直播方式。秋棚富硒黄瓜育苗期正值高温季节，除选择适宜品种外，还要在苗期采取遮阳降温措施。

四、富硒黄瓜的种植过程

（一）土壤处理

富硒黄瓜需水量大但又怕涝，选干燥、排灌方便的肥沃沙壤土地块栽培为好。定植前深耕晒垡，捣碎田垡。土地精细整地前用"新朝阳富硒植保土壤调理剂"改良土壤，这样能够有效疏松土壤，增加耕作层厚度，提高土壤保水蓄肥能力，减少滞害的发生，还能提高移栽成活率，提高肥料利用率，减少土传病害的发生，促根壮苗，使植株快速进入开花结果期。

（二）营养土配制

选用前茬没种瓜类的菜园土，加上"新朝阳富硒植保免深耕型富硒肥料"，按 7∶3 的比例拌和；再加入广谱高效低毒的杀菌剂（甲托、恶霉灵）混合均匀成药土，进行土壤消毒，堆制待用。

（三）品种选择

品种选择是富硒黄瓜高产、高效的基础，选用抗病能力强的品种，可减少喷药次数，因此抗病品种的选择至关重要。

（四）种子处理

播种前用"新朝阳富硒植保天然芸苔素"处理种子，这样能显著提高种子发芽率，使苗齐苗壮，降低立枯病和猝倒病的发生概率。

使用方法和剂量：每 8 mL"新朝阳富硒植保天然芸苔素"兑水 15 kg 形成水溶液，然后浸种处理 3～4 h 后，用清水冲洗，阴干后播种。

（五）播种育苗

按照常规用育苗穴盘或营养钵装上准备好的营养土后进行播种、覆土、浇水操作，然后用拱膜覆盖，育苗期间需时刻关注拱膜内的温度和湿度，并在移栽前 3～5 天做好炼苗工作，培育出株高 10～12 cm，茎粗 0.5～0.6 cm，四叶一心，子叶平展，叶色深绿，无病虫害，苗龄 15 天左右的壮苗。

（六）肥料选择

基肥以富硒肥为主，亩施腐熟农家肥 1000～2000 kg（也可选择"新朝阳富硒植保免深耕型肥料"），根据土壤的肥力状况，适当补充一定量的"新朝阳富硒植保免深耕型肥料"，施肥同时实现对土壤的改良。

（七）培育壮苗

根据栽培季节，培育壮苗。壮苗标准为子叶完好、叶浓绿、茎粗壮、根系发达，叶柄与茎夹角呈 45°，无病虫害。

（八）定植

① 温室消毒。彻底清除室内前茬残株、落叶等杂物，每亩用硫黄粉 2～3 kg 拌上锯末，在室内均匀分堆点燃，密闭熏蒸一昼夜，降低病虫基数。

② 定植方法。当苗龄 30～35 天，株高 10～15 cm，3～4 叶一心时即可定植。在已起好的垄的两边按照株距 25 cm 进行双行定植，密度为 4000 株/亩（图 3 - 23）。

图 3 - 23　合理定植

五、富硒黄瓜的种植管理方法

（一）田间管理

1. 苗期

富硒黄瓜定植后，要及时浇定根水。定植后一周之内不需放风，定植 5 天后浇一次缓苗水，然后蹲苗。待根瓜坐住后，结束蹲苗，此时需用稀薄腐熟粪水进行提苗，并浇催瓜水。

2. 抽蔓期

抽蔓期要及时进行搭架，搭架时绑第一次蔓（也可不搭架，直接用绳子吊蔓），以后每长 3 节绑一次蔓，并及早打去侧蔓，以利于主蔓生长（图 3 - 24）。同时保持土壤湿润，切忌大水灌溉。

图 3 - 24　抽蔓期

3. 结瓜期

结瓜期是富硒黄瓜需水量、需肥量最大的时期，也是病虫害发生的高峰期，要合理进行水肥管理和病虫害防治，以保证黄瓜的质量。结瓜期注意植株调整，及时打掉底叶。对于秋冬茬或冬春茬富硒黄瓜，主蔓长到顶部时应打尖促生回头瓜。

4. 收获期

收获期需及时分批采收富硒黄瓜，减轻植株负担，促进后期果实膨大，在盛果期每两天采收一次。

（二）科学施硒

将钙硒底肥作为底肥施用。每亩施用贝壳粉 30 kg，无机硒（亚硒酸钠）10～20 g，将贝壳粉和无机硒混合均匀后撒施到土壤中，然后机械翻耕做垄。做垄后覆盖黑色薄膜防草，种植富硒黄瓜。在施用无机硒时尽量不要采用直接喷施的方式，以免产生药害。如果必须采用喷施的方式，可以参考下面的操作方法：称取无机硒 1～2 g，溶于 1 L 左右的自来水中，然后添加 2 g 左右的白砂糖，放置 2～3 天后勾兑成亩地用水量施用。注意在大面积施用前，需先小面积试用。

贝壳粉为贝壳煅烧磨成的粉，其主要有效成分为氧化钙。施用贝壳粉一方面能有效提高栽培土壤的 pH 值，降低土壤中重金属的活性，有效降低农作物对土壤中重金属的吸收；另一方面，施用氧化钙能提高农作物中钙的含量。无机硒作为底肥施入栽培土壤中，可在土壤微生物与农作物的共同作用下转化为有机硒，能有效提高农作物中硒的含量。含钙的贝壳粉与含硒的亚硒酸钠作为底肥施用，有利于高钙富硒黄瓜的生产。

六、富硒黄瓜的病虫防治

在富硒黄瓜的整个生产过程中，病虫害防治的基本原则是"防胜于治"，应将病虫害控制在不发生或者低水平发生的可控范围。

（一）常见病害

1. 霜霉病

（1）此病也称跑马干、黑毛、瘟病。此病来势猛，病害重，传播快，如不及时防治，将给富硒黄瓜生产造成毁灭性的损失。在其流行年份受害地块富硒黄瓜减产 20%～30%，严重流行时损失达 50%～60%，甚至绝收。霜霉病是棚室黄瓜栽培中发生最普遍、危害最严重的病害。

（2）主要症状。苗期、成株期均可发病，主要为害叶片。开始时病部呈现水浸状斑点称"小油点"，在湿度大的早晨尤为明显；病斑逐渐扩大，受叶脉限制呈多角形的淡褐色或黄褐色斑块，湿度大时，叶背面长出灰黑色霉层；后期病斑破裂或连片，致叶缘卷缩干枯，严重时棚内一片枯黄（图 3-25）。春秋两季是发病高峰期。

图 3-25　黄瓜霜霉病

（3）防治方法。农业防治：a. 选用抗病良种。应选择抗病性强的品种。b. 采用无菌沙土或沙壤土育苗，培育无病壮苗。与南瓜进行嫁接换根栽培，增强抗病能力。c. 采用膜下沟灌，以降低棚内空气湿度。选用透光率高、无滴效果好的塑料膜。d. 定植时合理密植，结瓜后及时打去底部老叶，增加田间通透性，减少病源。如棚内局部发病重，但瓜秧较健壮，可以在晴天上午浇水后将棚室封严，迅速使黄瓜生长点部位的温度升高到42～45 ℃，2 h后通风。f. 整地时要施足底肥。物理防治：用50～55 ℃水浸种10～15 min。药剂防治：哈茨木霉菌（叶部型）300倍喷雾，每隔一周施药一次，直至病情不再发生。3％多抗霉素150～200倍兑水喷雾。86.2％氧化亚铜300～400克/亩，兑水喷雾。

2. 白粉病

（1）白粉病也称黄瓜白霉病。通常在富硒黄瓜生长中、后期发病，影响富硒黄瓜的产量，甚至提前拉秧。

（2）主要症状。病害先出现在下部叶片正面或背面，表现为白色小粉点，后扩大为粉状圆形斑。在条件适宜时，白色粉状斑点继续扩展，连接成片，成为边缘不明显的大片白粉区，直至布满整个叶片，看上去就像长了一层白毛。其后叶片逐渐变黄、发脆，白毛由白色转变为灰白色，最后叶片失去光合作用功能（图3 - 26）。受害的叶柄和茎，症状与叶片基本相似。

图3 - 26 黄瓜白粉病

（3）防治方法。农业防治：a. 选用耐病品种。及时清除棚室中的杂草、残株。b. 棚室内要注意通风、透光，降低湿度，遇有少量病株或病叶时，要及时摘除。c. 切忌大水漫灌，可以采用膜下软管滴灌、管道暗浇、渗灌等灌溉技术。定植后要尽量少浇水，以防幼苗徒长。d. 加强水肥管理，及时追肥，防止植株缺肥早衰。不要偏施氮肥，要注意增施磷、钾肥。结瓜期，可加大肥水的用量，适时对叶面喷施微肥，以防植株早衰。药剂防治：哈茨木霉菌（叶部型）为白粉病特效药，见效快，不会产生抗性。300倍稀释喷雾，每7天施药一次直至病情不再发生。10％多抗霉素可湿性粉剂500～800倍喷雾，也可使用2％武夷菌素水剂100倍喷雾。

3. 猝倒病

（1）此病为富硒黄瓜苗期的主要病害。

（2）主要症状。种子萌芽后至幼苗未出土前受害，造成烂种、烂芽（图 3 - 27）。出土幼苗受害，茎基部呈现水渍状黄色病斑，后为黄褐色，缢缩呈线状，倒伏，幼苗一拔就断，病害发展很快，子叶尚未凋萎，幼苗即突然猝倒死亡。湿度大时会在病部及其周围的土面长出一层白色棉絮状物。

图 3 - 27　黄瓜猝倒病

（3）防治方法。农业防治：a. 选择地势高、地下水位低，排水良好的土地做苗床，选用无病的新土、塘土或稻田土，播前一次灌足底水，出苗后尽量不浇水，必须浇水时一定要选择晴天，不宜大水漫灌。b. 严格选择营养土，不用带菌的旧苗床土、菜园土或庭院土。c. 果实发病重的地区，要采用高畦，防止雨后积水，富硒黄瓜定植后，前期宜少浇水，注意及时插架，以减轻发病。药剂防治：哈茨木霉菌（根部型），定植时或定植后每棵苗单独灌，3000 倍液，每株200 mL，3 个月后半量追加。0.5％氨基寡糖素水剂 400～600 倍液灌根，每株200～250 mL，间隔 7～10 天，连用 2～3 次。

4. 靶斑病

（1）以保护地受害最为严重。春保护地一般在 3 月中旬开始发病，4 月上、中旬后病情迅速蔓延，至 5 月中旬达发病高峰。

（2）主要症状。病菌以为害叶片为主，严重时蔓延至叶柄、茎蔓。叶片正、背面均可受害，叶片发病，起初为黄色水浸状斑点，直径约 1 mm（图 3 - 28）。当病斑直径扩展至 1.5～2 mm 时，叶片正面病斑略凹陷，病斑近圆形或不规则形，有时受叶脉所限，为多角形，病斑外围颜色稍深呈黄褐色，中部颜色稍浅呈淡黄色，患病组织与健康组织界线明显。发病严重时，病斑面积可达叶片面积的95％以上，叶片干枯死亡。重病株中下部叶片相继枯死，造成提早拉秧。

图 3 - 28　黄瓜靶斑病

（3）防治方法。农业防治：a. 适时轮作，发病田应与非寄主作物进行 2 年以上轮作。b. 彻底清除残株，减少初侵染源。c. 搞好棚内温湿度管理，注意放风排湿，改善通风透气性能。d. 加强栽培管理，及时清除病蔓、病叶、病株，并带出田外烧毁，减少初侵染源。e. 控制空气湿度，实行起垄定植，地膜覆盖栽培，于膜下沟里浇暗水，减少水分蒸发，要小水勤灌，避免大水漫灌，注意通风排湿，增加光照，创造有利于富硒黄瓜生长发育，不利于病菌萌发侵入的温湿度条件。物理防治：种子消毒，该病菌的致死温度为 55 ℃，可采用温汤浸种的办法，种子用常温水浸种 15 min 后，转入 55～60 ℃ 热水中浸种 10～15 min，并不断搅拌，然后让水温降至 30 ℃，继续浸种 3～4 h，捞起沥干后置于 25～28 ℃ 处催芽，可有效消除种内病菌。药剂防治：发病前或初期可用哈茨木霉菌（叶部型）300 倍液喷雾，每周 1 次，直至病情不再发生，通常 2～3 次即可治愈。或使用 0.5% 氨基寡糖素水剂 400～600 倍兑水喷雾。

5. 枯萎病

（1）枯萎病也称黄瓜萎蔫病、黄瓜死挟病。枯萎病是瓜类蔬菜的重要病害，发病率高，毁灭性强。

（2）主要症状。从幼苗期到成株期均可发病，以结瓜期为发病盛期。初期基部叶片褪绿，成黄色斑块，逐渐全叶发黄，随之叶片由下向上凋萎，似缺水症状，中午凋萎，早晚恢复正常，3～5 天后，全株凋萎（图 3 - 29）。病株的主根或侧根呈褐色腐烂，极易拔断，或瓜蔓基部近地面 3～4 节处开裂流胶，开始出现黄褐色条斑；在高湿环境下，病部常产生白色或粉红色霉状物，在已枯死病株茎上更为明显，且不限于基部，可达中部，有时病部可溢出少许琥珀色胶质物。纵剖茎基部，维管束呈黄褐色或深褐色。

图 3 - 29　黄瓜枯萎病

（3）防治方法。应选择抗病品种，合理轮作倒茬，清除病株残体，培育无病壮苗，并辅之以药物防治。农业防治：a. 与禾本科作物轮作，可以减少田间含菌量。b. 选用抗病品种。c. 育苗时，对苗床土进行硝化处理，或换上无菌新土，培育无病壮苗。d. 施入的有机肥要充分腐熟。e. 在结瓜后，要适当增加浇水的次数和浇水量，但切忌大水漫灌。f. 在夏季的中午前后不要浇水。g. 中耕可以提高土壤的透气性，使植株根系苗壮生长，以提高抗病能力，但要注意减少伤口。物理防治：用 55 ℃的温水浸种 10 min。药剂防治：于发病前或发病初期使用哈茨木霉菌 3000 倍灌根，每株 200 mL，3 个月后半量追加一次。0.3％多抗霉素 60 倍液浸种 2～4 h 后播种，移栽时用 80～120 倍液蘸根或灌根，盛花期再用 80～120 倍液喷 1～2 次，或 0.5％氨基寡糖素水剂 400～600 倍喷雾。

6. 灰霉病

（1）目前 70％～80％的棚室中均有发生，严重时植株下部腐烂，茎蔓折断，整株死亡。

（2）主要症状。病菌先从残留的柱头或花瓣侵入，引起其腐烂、萎蔫或脱落，然后靠近瓜条尖端腐烂、干枯，湿度大时表面长出灰白色霉状物。发病的柱头或花瓣脱落掉在植株上会再次引起侵染。叶面上的病斑为圆形，浅褐色或黄白色，干枯后易破裂，边缘生有灰色霉层。

（3）防治方法。农业防治：a. 生长前期及发病后，适当控制浇水，适时放风，棚温高于 33 ℃则不产孢，降低湿度，减少棚顶及叶面结露和叶缘吐水。b. 加强棚室管理。出现病花、病瓜时要及时摘除，带出田外深埋。棚室要通风透光，降低温度，注意保温增温，防止冷空气侵袭。药剂防治：于发病前或初期使用哈茨木霉菌（叶部型）300 倍喷雾，每隔 7 天喷一次，连续 2～3 次，或 10％多抗霉素可湿性粉剂 500～800 倍液喷雾防治。

7. 棉铃虫

（1）秋季富硒黄瓜的主要虫害为棉铃虫。

（2）防治方法。主要选用农用苏云金芽孢杆菌与 1.5% 除虫菊素生物有机杀虫剂（按照每亩 100 mL 喷施）对棉铃虫进行防治。结合病害管理，在定植 1 个月左右喷施一次酸性电解液，12 h 后喷施一次农用苏云金芽孢杆菌进行生物防治。

（二）主要病害

1. 根结线虫

（1）根结线虫大多分布在 30 cm 深的土层内，其中以 5～30 cm 深度内的耕作层土壤中根结线虫数量最多。一般土地干燥、疏松透气、盐分低的土壤最适于根结线虫存活。

（2）主要症状。主要为害植株地下根部，多发生于侧根和须根上，形成大小不等的瘤状物，菜农称之为"番薯仔"。瘤状根结初期呈白色，表面光滑，后转呈黄褐色至黑褐色，表面粗糙甚至龟裂，严重时腐烂（图 3 - 30）。病株地上部前期症状不明显，随着根部受害的加重，表现为叶片发黄，似缺水缺肥状，生长减缓，植株衰弱，结瓜不良，受害严重的植株遇高温出现萎蔫以至枯死。

图 3 - 30　根结线虫

（3）防治方法：a. 多施腐熟的农家肥，改良土壤。b. 150 mg/L 壳聚糖处理可显著降低富硒黄瓜根结线虫病情指数，防效达 28.1%，且显著增加根数，促进富硒黄瓜生长。外源壳聚糖和水杨酸对根结线虫病都具有很好的防治与诱抗效果，且壳聚糖和水杨酸能够协同增效。

2. 美洲斑潜蝇

（1）主要症状。美洲斑潜蝇主要为害叶片。成虫咬食叶肉，幼虫钻入叶肉内部吞食叶肉组织并形成"隧道"。叶片受害后生理功能下降，造成减产（图3-31）。

图3-31　美洲斑潜蝇

（2）防治方法。a. 彻底清除温室前茬残枝落叶，集中烧毁，消灭虫源。b. 黄板诱杀。每亩挂30～40块20 cm×20 cm上面涂抹一层机油的黄板诱杀成虫。每7～10天重涂1次。

七、富硒黄瓜的肥料选择

富硒黄瓜生长快、结果多、喜肥，但根系分布浅，吸肥、耐肥力弱，特别不能忍耐含高浓度铵态氮的土壤溶液，故对肥料种类和数量要求都较严格。据资料显示，每生产1000 kg黄瓜，需从土壤中吸取氮1.9～2.7 kg、磷0.8～0.9 kg、钾3.5～4.0 kg。

富硒黄瓜定植后30天内吸氮量直线上升，到生长中期吸氮最多。进入生殖生长期，对磷的需要剧增，而对氮的需要略减。富硒黄瓜整个生育期都吸钾。富硒黄瓜果实靠近果梗、果肩部分易出现苦味，产生苦味的物质是葫芦素，产生原因极复杂。从培育角度看，氮过多、低温、光照和水分不足，以及植株生长衰弱等都容易产生苦味，因此，富硒黄瓜坐果期既要保证充足的氮营养，又要注意控制土壤溶液氮营养的浓度。

八、富硒黄瓜的加工与运输

富硒黄瓜在夏秋季节大量上市，如果能进行深加工，可提高经济效益。现介绍几种富硒黄瓜食品的加工方法。

（一）清脆原味黄瓜干

选择八九成熟的富硒黄瓜，首先用流动水洗净，然后去除瓜蒂，破开富硒黄瓜除去瓜瓤并晾干。把富硒黄瓜放入大缸中（缸要放在背阴的地方），用预先晒过的大粒盐（50 kg富硒黄瓜用4～6 kg盐）腌渍。采取放入一层富硒黄瓜撒一点盐的方法逐层摆放，然后用干净的石块或其他重物压在富硒黄瓜顶层，腌7～10天，瓜水就被腌压出来了。将腌压后的盐水黄瓜放在日光下晒干，晒时每天要翻动1～2次，也可把富硒黄瓜用线串起来放到阴凉的地方阴干。晾晒到摸着不黏手即可（图3-32）。晾干后的富硒黄瓜可以放在冷冻室里保存或出售。吃的时候用水现泡即可。

图3-32　清脆原味黄瓜干

（二）脆嫩糖渍黄瓜

选用肉质细致脆嫩、直径在3 cm以上的幼嫩青色富硒黄瓜，用清水充分清洗，横切成长4 cm左右的小段，并去掉瓜瓤，在瓜段周围划上条纹。将处理好的瓜段立即投进饱和澄清的石灰水中浸渍5～7 h。

糖渍方法是先将50 kg瓜段放入糖渍的桶中，再将40 kg糖液加热煮沸，趁沸倒进糖渍桶中，浸渍24小时（不可搅拌）；然后把浸渍桶中的糖液用管子抽入加热锅中，煮到104 ℃后加入食用香酸钠0.04 kg，趁热抽入糖渍桶内再浸渍48小时，中间再抽出糖液再加入2次，使瓜段浸渍均匀；最后将糖液抽出入锅，加砂糖6 kg，煮到115 ℃，再加入瓜段，拌匀。停止加热后，放置1天然后移出放入烘盘中。将烘盘上的瓜段稍压成扁块状，入烘干机以65 ℃的温度烘干，待含水量降到14％时移出即成品（图3-33）。

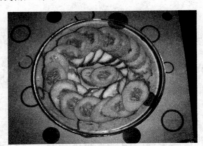

图3-33　脆嫩糖渍黄瓜

（三）风味香辣瓜丁

食材及用量：富硒黄瓜 50 kg、白砂糖 50 kg、蒜泥 1.5 kg、辣椒粉 800 g、姜粉 800 g、芹菜（切碎）800 g、丁香粉 100 g、白矾粉 100 g、肉桂粉 50 g、食用香酸钠 30～40 g。

选取长约 8 cm、直径为 2.5 cm 左右的青嫩富硒黄瓜为原料，将富硒黄瓜洗净，并用针刺法将整个瓜身穿透，使之易于脱水和吸入糖液，然后投入含亚硫酸钾及氯化钙的水中浸 8 h，移出滤干水分备用。

将白砂糖与其他配料充分混匀后同富硒黄瓜一起入坛，采取放一层富硒黄瓜撒一层白砂糖混合料的方法，边装边压实，直至装满坛为止，而后密封坛口。入坛后的前 7 天，每日将坛摇动 2 次，需在坛中浸渍 1 个月。然后开坛捞出富硒黄瓜，滤去糖液，放在太阳下晾晒 1 天左右，待表面水分晒干后切成 2 cm 长的小段，晒至半干即成品。

（四）富硒黄瓜储藏方式

1. 缸储藏

在刷洗干净的缸里加入 10～12 cm 深的清水，在距水面 3～4 cm 处放置木架，架上铺木板，木板上再铺一层干净的麻袋片，然后将选好的富硒黄瓜果柄朝外，沿着缸边转圈摆放，一直摆到离缸口 9～10 cm 处，使缸中心形成一个洞，以利于上下通气（图 3-34）。缸口用牛皮纸封严，并用绳子扎紧，最后将缸放在阴凉处。也可先在缸底铺一层湿润细砂，再放一层富硒黄瓜，这样铺一层细沙放一层富硒黄瓜，一直放至缸满为止，最后将缸口封严，置于阴凉处。富硒黄瓜一般可储藏 20～30 天。

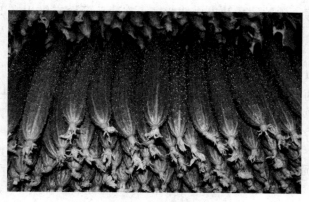

图 3 - 34　缸储藏

2. 窖储藏

　　将选好的富硒黄瓜装入纸箱内，每箱装 15 kg 左右，然后将箱子堆放在永久性菜窖或土窖内；或在窖底铺一层秸秆，再把富硒黄瓜一层一层摆上，每层之间用两根秸秆隔开。富硒黄瓜堆码好后，堆高不要超过 60～70 cm，用塑料薄膜密封。入窖后每隔 5～7 天检查一遍，将烂瓜和变色瓜挑出，以免感染好瓜。管理的关键是利用风道和门窗通风，以降低窖温。这种方法适宜大量储藏富硒黄瓜。

第三节　富硒茄子高效栽培技术

一、富硒茄子的种植概念

　　硒是人体必需的营养元素，具有治病、防病的功能。富硒茄子虽然销售价格较普通茄子高，但医疗保健作用明显，深受消费者青睐。因此，生产富硒茄子是菜农增收的重要途径。

　　富硒茄子抗癌性能是其他有同样作用的蔬菜的好几倍，是抗癌强手。富硒茄子中含有龙葵碱，能抑制消化系统肿瘤的增殖，对于防治胃癌有一定效果。

　　富硒茄子的营养也较丰富，含有蛋白质、脂肪、碳水化合物、维生素以及钙、磷、铁等多种营养成分。富硒茄子中维生素 P 的含量很高，每 100 g 富硒茄子中即含维生素 P 750 mg，这是令许多蔬菜水果望尘莫及的。维生素 P 能使血管壁保持弹性和生理功能，防止其硬化和破裂，所以经常吃富硒茄子有助于防治高血压、冠心病、动脉硬化和出血性紫癜。富硒茄子含有维生素 E，有防止出血和抗衰老功能，常吃富硒茄子可降低血液中胆固醇水平，对延缓人体衰老具有积极的意义。

　　富硒茄子以果形均匀周正，老嫩适度，无裂口、腐烂、锈皮、斑点，皮薄子少，肉厚细嫩的为佳品。嫩茄子颜色发乌，皮薄肉松，重量少，籽嫩味甜，籽肉不易分离，花萼下部有一片绿白色的皮。老茄子颜色光亮，皮厚而紧，肉坚籽实，肉籽容易分离，籽黄硬，重量大，有的带苦味。

二、富硒茄子的种类

（一）圆茄

植株高大，果实也大，果实呈圆球、扁球或椭圆球形，中国北方栽培较多

（图 3 - 35）。

图 3 - 35　圆茄

（二）长茄

植株长势中等，果实呈细长棒状，中国南方普遍栽培（图 3 - 36）。

图 3 - 36　长茄

（三）矮茄

植株较矮，果实较小，果实呈卵形或长卵形。

三、富硒茄子的环境选择

富硒茄子喜温暖不耐寒、不耐霜冻。出苗前要求白天温度 25～30 ℃，夜间 16～20 ℃。当温度低于 15 ℃时果实生长缓慢，低于 10 ℃时生长停顿，5 ℃以下就会受冻害。当温度高于 35～40 ℃时，茎叶虽能正常生长，但花器发育受阻，果实畸形或落花落果。

富硒茄子对光周期的反应不敏感，要求中等强度的光照。在弱光照条件下，光合产物少，植株细弱，而且受精能力低，容易落花。光合作用最大的叶龄为30～35天。在强光照和9～12小时短日照条件下，幼苗发育快，花芽出现早。光照充足条件下，果皮有光泽，皮色鲜艳。光照弱时，落花率高，畸形果多，皮色暗。

富硒茄子的单叶面积大，水分蒸腾多。当土壤中水分不足时，植株生长缓慢，甚至引起落花，所结果实的果皮粗糙、品质差。一般要保持80％左右的土壤湿度。在干旱季节，灌溉的增产效果非常明显。为了保持土壤中适当的水分，除灌溉以外，也可以使用地膜覆盖的方法，以减少地面水分的蒸发（图3-37）。

图 3-37　地膜覆盖

结果期是富硒茄子需水最多的时候，要根据果实发育的情况适时浇灌。第1朵花开放的时候，要控制水分，以免落花。但当果实开始发育，萼片已伸长时，需浇水，以促进果实迅速生长。以后每层果实发育的初期、中期，以及采收前几天，都要及时浇水，以满足果实生长的需要。

富硒茄子耐旱力弱，生长期长，宜选用土层深厚、保水性强、pH为5.8～7.3（最适pH为6.0～7.0）的肥沃壤土或黏土种植。

四、富硒茄子的种植过程

富硒茄子幼苗生长较缓慢，特别是在温度较低条件下，苗龄不足，难以培育出早熟的大苗，其苗龄一般需85～90天。

为了防止苗期猝倒病、立枯病，除注意维持适宜的夜间土温外，也可用"五代台剂"（即五氯硝基苯及代森锌等量混合）进行土壤消毒，1 m² 苗床用消毒土8～9 g，与床土拌匀，用药后应适当增加灌水量，防止药害，床土应肥沃，不易过干。

（一）播种

茄果类的育苗方式基本相同，都是采用温室、温床或阳畦育苗。但富硒茄子催芽比较困难，对温度的要求较高，播种前用 55～60 ℃ 的温水烫种，边倒边搅拌，温度下降到 20 ℃ 左右时停止搅动，浸泡一昼夜捞出，搓掉种子上的黏液，再用清水冲洗干净，并放在 25～30 ℃ 的地方催芽，催芽期间应维持 85％ 的环境湿度，有 30％～50％ 种子露白即可播种。播种时，苗床先用温水洒透，然后将种子均匀撒到苗床内，覆细土 0.8～1 cm。播后立即扣上拱棚，夜晚加盖草苫保温，出苗前，白天苗床温度保持在 26～28 ℃，夜晚 20 ℃ 左右，约 4～5 天即可出苗 50％～60％，出苗后及时降温，白天 25 ℃ 左右，夜晚 15～17 ℃，阴天可稍低些。

（二）分苗

当幼苗有 2～3 片真叶时，可以进行分苗。分苗主要是分到阳畦或塑料拱棚中。床土要肥沃，尤其要保持一定量的速效性氮肥。另外，分苗单株要保留一定数量的营养面积，以 10 cm×10 cm 为宜。分苗后要立即覆盖塑料拱棚，夜晚必须加盖草苫封严，并保持一定的高温（达 20～25 ℃）。缓苗后，开始通风降温，白天 25 ℃，夜晚 15 ℃，要特别注意防止晴天中午高温"烧苗"。如果苗床肥力不足，要结合浇水进行追肥。苗床板结可用小齿耙松土，定植前 10 天通风炼苗，但也要防止冻害，壮苗标准以苗高 16～23 cm，叶片 5～7 叶，茎粗 0.5～0.7 cm 为宜（图 3 - 38）。

图 3 - 38　分苗

五、富硒茄子的种植管理方法

（一）田间管理

1. 采收前管理

露地栽培富硒茄子定植后 3 天进行一次浅中耕，以提高地温，促缓苗。缓苗后再进行一次中耕，并重视覆土，随中耕做成 12～15 cm 的高垄，使垄面超过坨面。

（1）肥水管理

缓苗后至开花前一般不浇水，如干旱可浇一次小水。到门茄"瞪眼"期即可追肥浇水，结合浇水亩施腐熟有机肥 50 kg。当富硒茄子坐果后，每 5～7 天浇一次水，可隔 3 天追一次肥，每次随水施入腐熟的鸡粪水。

（2）温度管理

富硒茄子喜高温，其适宜温度为 25～32 ℃（图 3 - 39）。温度低于 15 ℃富硒茄子不能正常开花，低于 10 ℃时停止生长。因此，在温度管理上，定植后一周内应保持较高的温度，促进富硒茄子发根成活，此时白天温度保持在 30 ℃左右，晚上 15 ℃ 以上。一周以后，富硒茄子新叶生长明显，此时应降低温度，防止生长过旺，白天温度保持在 25～27 ℃。到结果前，白天保持在 25 ℃左右，晚上控制在 12 ℃左右。

图 3 - 39　温度管理

（3）通风管理

大棚内空气相对湿度过大会加重病害，必须加强大棚通风管理。白天当大棚温度在 25 ℃以上时，就要开始通风，夜间棚外的温度不低于 15 ℃时，也要适当通风。阴雨天棚内湿度大时，尽管温度偏低，也要进行短时间的通风排湿。晴天温度高，要及时揭膜通风，防止高温"烧苗"。进入 5 月份后，大棚四周的围膜应揭除，实行昼夜通风，5 月下旬可以揭除棚膜。

（4）整枝打杈

门茄坐住后，保留二杈状分枝，并将门茄下的腋芽去除。

（5）保护地栽培

缓苗后 10 天左右，每亩地施鸡粪 100 kg，并浇小水。然后松土促根控秧。白天温度 22～27 ℃，夜间 13～18 ℃。株高 50 cm 时吊绳、盘头、疏枝节、打杈。

2. 收获期管理

露地栽培的富硒茄子要及时采收，及时去掉老叶，以防病虫害发生。保护地栽培温度白天控制在 25～30 ℃，夜间 15～20 ℃，加强通风换气。门茄收获后，冬季每隔 5～7 天浇清水一次，夏季每隔 3～4 天浇清水一次。每隔 10～15 天，每亩地用 100 kg 鸡粪加 200 kg 水浸泡 2 天后的过滤液滴灌一次，或每亩地施腐熟鸡粪 100 kg。

定植后 5～7 天浇一次缓苗水，当富硒茄子开始膨大时，根据墒情浇水，一般一周一次水，雨后注意排水防涝。

（1）铲耥管理

不覆膜的富硒茄子要进行三铲三耥，富硒茄子封垄前结束中耕。

（2）及时整枝

及时摘除门茄以下的老叶、黄叶，及时摘掉无用的杈子。

（二）科学施硒

1. 培育机理

富硒茄子是运用生物工程技术原理培育出来的。在茄子生长发育过程中，叶面和茄子果实表面喷施"瓜果型锌硒葆"，经过茄子自身的生理生化反应，将无机硒吸入茄子植株体内，转化为人体能够吸收利用的有机硒，并富集在茄子果实中而成为富硒茄子。

2. 使用方法

用"瓜果型锌硒葆" 13 g，加好湿 1.25 mL，加水 15 kg，充分搅拌均匀，然后均匀地喷施在茄子叶片和果实表面上（图 3-40）。一般在移栽前 5～7 天施硒一次，硒溶液施用量为每亩 15 kg。在茄子开花期、结果期再分别施硒一次，硒溶液施用量为每亩 30 kg。

图 3-40　富硒茄子

3. 注意事项

宜选阴天或晴天下午 4 点后施硒。硒溶液要喷施均匀，雾点要细。如施硒后 4 小时内遇雨，则应补施一次。富硒制剂宜与好湿等有机硅喷雾助剂混用，以增强溶液黏度，延长硒溶液在叶面和果面的滞留时间，以提高施硒的效果。富硒制剂可与中性、酸性的农药、肥料混用，但不能与碱性的农药、肥料混用。富硒茄子采收前 20 天应停止施硒。

六、富硒茄子的病虫防治

(一) 常见病害

1. 黄萎病

(1) 主要症状

定植后不久即会发病，遇低温定植，发病早且重，但以坐果后发病面积最大，病情最重。发病初期植株半边下部叶片近叶柄的叶缘及叶脉间发黄，后渐渐发展为半边叶或整叶，叶缘稍向上卷曲，有时病斑仅限于半边叶，引起叶片歪曲。早期发病茄株呈萎蔫状，早晚或雨后可恢复，后叶片变为褐色，全株萎蔫，叶片脱光，整株死亡。严重时，往往全叶黄萎，变褐枯死。该病多数为全株发病，少数仍有部分无病健枝。发病时多由植株下部向上逐渐发展，严重时全株叶片脱落。发病株矮小，株形不舒展、果小，长形果有时弯曲。纵切根茎部可见木质部维管束变色，呈黄褐色或棕褐色（图 3 - 41）。

图 3 - 41　茄子黄萎病

(2) 防治方法。

a. 与非茄科或瓜类作物轮作 3～4 年。

b. 选用无病种子和抗病品种，施足腐熟有机肥。

c. 及时拔除病株深埋或烧毁，并在根际土壤中灌注药液消毒杀菌。

e. 种子消毒处理：种子先用冷水预浸 3～4 h，再用 55 ℃温水浸种 15 min，阴干备用。

2. 细菌性叶斑病

（1）主要症状

该病主要为害叶片，病斑多从叶缘开始，从叶缘向内沿叶脉扩展，病斑形状不规则，有的外观似闪电状或近似河流的分支，淡褐色至褐色（图 3 - 42）。患部病征不明显，露水干前，手摸斑面有质黏感。

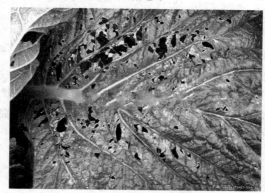

图 3 - 42　茄子细菌性叶斑病

（2）防治方法

a. 与茄科蔬菜实行 3 年以上轮作，并用 78～85 ℃的热水处理种子。

b. 精选无菌良种，并进行消毒。

c. 对大棚和土壤进行杀菌消毒。

d. 实行全方位地膜覆盖，防止浇水过大，并及时通风排湿。

e. 药剂防治。发病初期，可喷施 50％叶叶青可湿性粉剂 1000 倍液，每隔 7～10 天喷 1 次。

（二）常见虫害

1. 红蜘蛛

（1）主要症状

主要为害叶背，受害叶先形成白色小斑点，后褪变为黄白色，严重时变成锈褐色，造成叶片脱落，果实干瘪，植株枯死（图 3 - 43）。果实受害，果皮变粗，形成针孔状褐色斑点，影响品质。

图 3 - 43　红蜘蛛

（2）防治方法

a. 农业防治：前茬收获后，清除枯枝落叶和田边杂草，破坏红蜘蛛越冬场所；冬闲菜地秋后深翻，定植前及春耕，消灭越冬红蜘蛛。

b. 生物防治：田间捕食红蜘蛛的昆虫种类很多，据调查主要有中华草蛉、食螨瓢虫和捕食螨类等，其中中华草蛉种群数量较多，对红蜘蛛的捕食量较大，保护中华草蛉可增强其对红蜘蛛种群的控制作用。

2. 斜纹夜蛾

（1）主要症状

成虫夜间活动，飞翔力较强，具趋光性（图 3 - 44）。卵多产于叶背的叶脉分叉处，堆产，卵块常覆有鳞毛，因此易被发现。初孵幼虫具有群集危害性，常在卵块附近昼夜取食叶肉，留下叶片的表皮，使叶片成不规则的透明白斑，3 龄以后则开始分散，老龄幼虫有昼伏性和假死性，白天多潜伏在土缝处，傍晚爬出取食，将叶片吃出小孔或缺口，严重时将叶片吃光。

图 3 - 44　斜纹夜蛾

（2）防治方法

a. 农业防治：清除杂草，收获后翻耕晒土或灌水，以破坏或恶化其化蛹场所，有助于减少虫源；随手摘除卵块和群集危害的初孵幼虫，以减少虫源。

b. 物理防治：点灯诱蛾，即利用成虫趋光性，于盛发期点黑光灯诱杀；糖醋诱杀，即利用成虫趋化性配糖醋水加少量敌百虫诱蛾；柳枝蘸洒 500 倍敌百虫诱杀蛾子。

七、富硒茄子的肥料选择

富硒茄子根系发达，喜肥耐肥，适于在富含有机质及保水保肥力强的土壤中种植。富硒茄子果实为浆果，嫩果作为蔬菜供人们食用，嫩果中含有较多的维生素、蛋白质、糖、钙和铁等，尤以维生素 P 的含量独居果蔬之首，是大众化的保健蔬菜。科学家曾通过施用不同水平的鸡粪和猪粪，来探讨两种有机肥对富硒茄子产量和品质的影响。其结果表明：a. 有机肥可提高富硒茄子产量；b. 有机肥影响富硒茄子产品形成；c. 施用有机肥可以减轻富硒茄子黄萎病的危害；d. 有机肥可改善富硒茄子植株的生长发育；e. 适量有机肥可以改善富硒茄子的品质；f. 施用有机肥可提高富硒茄子硝酸还原酶的活性。

硝酸还原酶活性变化趋势与亚硝酸盐相反。鸡粪处理的硝酸还原酶活性变化趋势呈正抛物线；猪粪处理的硝酸还原酶活性则呈倒抛物线。总之，供试有机肥可提高富硒茄子产量，改善产品品质。两种有机肥差异不显著。

八、富硒茄子的加工与运输

如果富硒茄子采收前期雨水过多，会导致运输期间病害发生严重。因此在运输时要严格剔除病果和受机械伤果。一般宜将运输温度控制在 10～13 ℃，并注意通风换气，保持 90% 左右的相对湿度。

如果运输的过程太长也可用大塑料袋盛装封口，也能起到一定的保鲜作用。

如果还没有来得及销售，可以使用埋藏保鲜法。选择地势高，排水好的地方沿东西向挖一条宽 1 m、长 3 m、深 1.2 m 的坑。坑的东西两端各留一个通气孔。其中一端留出口，坑顶用玉米秸铺盖后，再覆盖约 12 cm 厚的土。将选好的茄果柄把向下一层层码放，果柄插在果层的间隙中，避免刺伤茄果，码五层茄果后，果顶上覆盖牛皮纸，将坑口堵上，使坑内温度维持在 5～8 ℃。若温度低于5 ℃，在坑顶加土保温，并堵塞气孔；若温度过高，则打开气孔调节降温。这种方法可储存茄果 40～50 天，在此期间要勤检查，发现病果或腐烂果，要及时剔除。

运输过程的保鲜也可用类似的方法，必须在相同的情况下（要保持条件一直相同），运输保鲜才有可能成功。

每年夏秋季节，富硒茄子大量上市后往往会因滞销造成积压浪费，现介绍富硒茄子风味食品的深加工及保鲜方法。

（一）美味茄片

新鲜富硒茄子切成片状，按 100 kg 茄片 16 kg 盐的比例，在缸内一层茄片一层盐装满。接着添加浓度 16% 的盐水将富硒茄子淹没，压上重物盖严。每隔 2～3 天翻缸一次，经 20 天左右腌制成熟，取出富硒茄子放在清水内浸泡 6 h，其间换水 3～4 次，再捞起晾干。取茄片 100 kg，加辣椒粉 1.2 kg、花椒粉 1 kg、白砂糖 8 kg、味精 200 g 混合拌匀，放酱油中浸泡 1 周，即成美味茄片（图 3 - 45）。

图 3 - 45　美味茄片

（二）糖醋茄子

将新鲜富硒茄子洗净去蒂，晾干后切成两半，然后装缸。按 100 kg 富硒茄子 10 kg 糖的比例，放一层富硒茄子撒一层糖，直到装满，再用食用醋（100 kg 富硒茄子 10 kg 醋）泼洒到与富硒茄子相平，压上石头或一定重量的东西。每隔 2～3 天翻缸 1 次，连续翻 3～4 次即可。把腌缸放在阴凉通风处，15 天后即可食用（图 3 - 46）。

图 3 - 46　糖醋茄子

（三）酱油茄片

将腌制好的咸茄子切成薄片，放在清水中浸泡1天，换水3～4次，捞出晾干，然后每100 kg咸茄子片加入2.5 kg姜丝，放入酱油中浸泡，每天翻动1次，10天后即可食用。

（四）咸蒜茄条

先把咸茄子切成宽2 cm、长4～5 cm的条，用开水煮到牙能咬动而不烂的程度，捞出用凉水浸泡，降温后摊开晾干水分，装缸腌制。在装缸时每100 kg咸茄子加入干蒜头或蒜末3.5 kg、酱油3 kg、鲜姜末1.5 kg。第2天翻动一次，隔一天再翻一次，4～5天后即可食用。

（五）茄子干

将成熟的无病虫危害的富硒茄子去蒂，切成薄片，放入开水中滚一下，然后立即捞出晾干，放在太阳下晒（图3-47）。每隔2～3小时翻动一次，夜间取回室内，连续晒2～3天，即可装箱或装缸备用。食用时用温开水浸泡还原，与猪肉同炒，味道鲜美。

图3-47 茄子干

（六）储藏保鲜

富硒茄子可窖藏保鲜。选择地势高燥、排水良好的地方挖沟，沟深1.2 m、宽1～1.5 m，长度视富硒茄子的数量而定。选择无机械伤、无虫伤、无病害的中等大小的健康茄果在阴凉处预储，待气温下降后入沟。入沟时，将果柄朝下一层层码放。第二层果柄要插入第一层果的空隙，以防刺伤好果。如此码放4～5层，在最上一层盖牛皮纸或杂草，以后随气温下降分层覆土。为防止茄子在沟内上热，在埋藏茄子时，可每隔3～4米竖一通风筒和测温筒，以保持沟内适宜温度。如果温度过低，应加厚土层，堵严通风筒；如温度过高，可打开通风筒。

采用这种方法一般可使富硒茄子保鲜储藏 40～60 天。这样既不用担心因为大量上市而造成的货物积压，又不会失去富硒茄子本身的营养，可谓是一举两得。

第四节　富硒辣椒高效栽培技术

一、富硒辣椒的种植概念

辣椒，又叫番椒、海椒、辣子、辣角、秦椒等，是一种茄科辣椒属植物。辣椒属于一年或多年生草本植物。果实通常呈圆锥形或长圆形，未成熟时呈绿色，成熟后变成鲜红色、黄色或紫色，以红色最为常见（图 3 - 48）。辣椒的果实因果皮含有辣椒素而有辣味，能增进食欲。辣椒中维生素 C 的含量在蔬菜中居第一位，原产墨西哥，明朝末年传入中国。

图 3 - 48　辣椒

随着生活水平的提高，人们对农产品质量安全意识日益增强；辣椒采用富硒技术栽培，具有品质好、产量高等优点，正好契合了人们的需求。

富硒辣椒营养丰富，虽然销售价格较普通辣椒高 20% 以上，但医疗保健作用明显，深受广大消费者喜爱，国内外市场需求量大。因此，开发富硒辣椒产品是菜农增收的有效途径。

二、富硒辣椒的种类

富硒辣椒的种类比较多，下面简单介绍几种最常见的种类。

（一）樱桃类辣椒

叶中等大小，圆形、卵圆形或椭圆形。果小如樱桃，圆形或扁圆形（图3-49），果实呈红色、黄色或微紫色，辣味甚强，可制干辣椒或供观赏。如成都的扣子椒、五色椒等。

图3-49　樱桃类辣椒

（二）圆锥椒类

植株矮，果实为圆锥形或圆筒形，味辣（图3-50）。如仓平的鸡心椒等。

图3-50　圆锥椒类

（三）簇生椒类

叶狭长，果实簇生，向上生长，果色深红，果肉薄，辣味甚强，油分高，多作为干辣椒栽培，晚熟，耐热，抗病毒能力强（图3-51）。如贵州七星椒等。

图3-51　簇生椒类

（四）长椒类

植株分枝性强，叶片较小或中等，果实一般下垂，为长角形，端尖微弯曲，似牛角、羊角。果肉薄或厚，辛辣味浓，供干制、腌渍或制辣椒酱，如陕西的大角椒；肉厚，辛辣味适中的供鲜食（图3-52），如长沙牛角椒等。

图3-52 长椒类

（五）甜柿椒类

植株分枝性较弱，叶片和果实均较大（图3-53）。根据辣椒的生长分枝和结果习性，也可分为无限生长类型、有限生长类型和部分有限生长类型。

图3-53 甜柿椒类

（六）朝天椒

四川、重庆一带特产，又辣又香（图3-54）。

图3-54 朝天椒

三、富硒辣椒的环境选择

（一）生产基地环境要求

1. 产地选择

富硒辣椒生产基地应选择空气清新、土壤有机质含量高、有良好植被的优良生态环境，避开疫病区，远离城区、工矿区、交通主干线、生活垃圾场等污染源（图3-55）。

图3-55　富硒辣椒生产基地

2. 确立转换期

富硒辣椒生产转换期一般为3年。新开荒、长期撂荒、长期按传统农业生产方式耕种或有充分证据证明多年来未使用禁用物质的土地，至少要有1年的转换期。转换期内必须完全按照富硒蔬菜生产的要求进行管理，产品只能作为富硒转换蔬菜上市。转换期结束要经认证机构检测达标后方能生产富硒蔬菜。

3. 设置缓冲带

富硒辣椒种植区域周围需种植8～10 m宽的高秆作物和乔木等作为缓冲带，打造相对封闭的田间小环境，以保证富硒辣椒种植区不受污染，避免临近常规地块的禁用物质对其产生影响。

（二）品种选择

禁止使用转基因或含转基因成分的种子，禁止使用经富硒方法处理的种子和种苗，种子处理剂应符合国家要求。选择适应当地生态条件且经审定推广的优质、高产、抗病虫、抗逆性强、适应性广、耐储运、商品性好的品种。如湘研1号、湘研11号、杭州鸡爪椒等。

四、富硒辣椒的种植过程

栽培技术和措施主要包括以下几点。

（一）培育壮苗

1. 育苗方式

采用塑料大棚和温室等方式育苗（图 3 - 56）。早熟品种：湘研 1 号、湘研 2 号、洛椒 1 号；中熟品种：湘研 5 号、湘研 6 号、苏椒 2 号；晚熟品种：湘研 10 号；甜椒：中椒 3 号、洛椒 4 号。一般大棚与小拱棚栽培适宜选择特早熟和早熟品种，地膜覆盖栽培选择早熟和早中熟品种，露地栽培选择中晚熟品种。

图 3 - 56　大棚辣椒

2. 种子消毒与催芽

晒种后，用 50～55 ℃温水浸种 15～20 min，再用浓度为 0.5％的高锰酸钾溶液浸 5 min，取出后用清水冲洗干净并用纱布包好，再用干净的湿毛巾包上，放在 25～30 ℃处催芽，每天检查并用温水淋洗，过 3～5 天胚根露出种皮，即可播种。

3. 营养土配制及床土消毒

将充分腐熟鸡粪和肥沃疏松园土充分摊晒日光消毒，过筛后混合均匀，再加草木灰。播种床耙平踏实后，均匀铺 3～4 cm 厚营养土。苗床先经深翻，浇水后覆盖地膜，闭棚升温 7～10 天，撤去地膜，再铺床土育苗。

4. 播种和育苗

播种要求做到床土平，底水足，覆盖好。床土整平以后，底水一定浇足，出苗前不补浇水。底水应达到 10 cm 深使床土饱和。撒种要均匀，每平方米苗床播种 18～22 g（以干种计算），撒完种过 10～20 min 再覆土，厚度为 0.7～1 cm，覆土后盖不含氯的地膜保墒，保持高温高湿的环境。

5. 及时排苗

当苗高 6～8 cm 时进行排苗。排苗床设在大棚内，按苗床标准整好排苗床，在床面上覆盖营养土，厚度为 1.5～2.0 cm，按 8 cm×10 cm 排苗，浇透水，并将被水冲歪的秧苗扶正，可覆盖 0.5 cm 厚的营养土。辣椒排苗最好用塑料钵，塑料钵高 10～12 cm，上口直径 8～10 cm。用营养土将塑料钵填满，将秧苗排在塑料钵内，每钵排苗 1 株，浇透水，把歪斜的苗扶正，适当覆盖营养土。排苗后，插竹弓盖膜。

（二）苗期管理

1. 幼苗期管理

（1）温度

富硒辣椒播种后白天气温保持在 25～30 ℃。出苗率达 80％后即可揭膜降温，创造光照充足、地温适宜、气温稍低、湿度较小的环境，白天 23～25 ℃，夜间 15～17 ℃。子叶展开到第 1 片真叶露尖，将温度控制在白天 18～20 ℃，夜间 10～15 ℃。第 1 片真叶出来后保持白天 25 ℃左右，夜间 17～20 ℃。移苗前 4～6 天降温炼苗，温度逐渐降到白天 18～20 ℃，夜间 13～15 ℃。

（2）水分

齐苗后浇水保湿，在播种时水浇足的情况下，移植前一般不浇水。秧苗缺水时选择晴天少量浇水，浇水后应保湿，保持床土不干燥，同时防止空气湿度过大。移植前一天可轻浇一次水，以利起苗。

2. 成苗期管理

（1）温度

缓苗期分苗后提高温度，在水分充足、温度适宜条件下促进缓苗。白天保持 25～30 ℃，夜间 20 ℃。旺盛生长期白天 25～27 ℃，夜间 17～18 ℃。炼苗期定植前 1 周左右进行低温炼苗，揭去所有覆盖物，使富硒辣椒苗在露地条件下生长。

（2）水肥

移苗后在新根长出前不要浇水，新叶开始生长后，可根据幼苗长势、土壤墒情，适当用喷壶浇水。

3. 整地施肥和定植

（1）整地施肥覆膜

定植前 15～20 天，选择非茄科作物茬口的地块，翻耕晒土；整地、做畦和覆地膜要求仔细、平整，畦沟深度 20～25 cm。亩施优质有机肥 5000 kg、饼肥 300 kg、磷肥 50 kg、钾肥 20 kg。然后深耕起 70～100 cm 宽的高畦，畦上覆盖无氯地膜，架设大棚、防虫网，闭棚升温 7 天左右，进行病原菌杀灭。大棚膜、防虫网选用不含氯材料。

（2）定植

大棚定植选择 2 月上、中旬地温稳定在 7～8 ℃时进行；露地地膜覆盖栽培在 3 月底、4 月初地温稳定在 15～17 ℃时进行。定植选在晴天中午进行，高温季节选在下午进行。定植密度在畦上定植双行，株距 25 cm。定植时使富硒辣椒两排侧根与畦沟垂直。

4. 定植后管理

定植后浇足定植水，门椒坐住之前不浇水，浇水也是在植株出现萎蔫或急需补充水分时，选择晴天浇小水。门椒坐住以后，开始小水勤浇，保证富硒辣椒生长发育的需求。根据天气确定浇水时间，气温低时选择在上午进行，高温时选择在早晨进行。进入盛果期加大浇水量，防止大水漫灌。雨前挖好排水沟，防止大雨造成土壤积水。露地栽培雨后及时扶苗，用清水洗去植株上污泥。进入盛果期结合浇水进行追肥，每亩顺水追施水量 1/3 的沼液或腐熟饼肥 50 kg，每 7～10 天浇一次水，隔一水追一次肥。

沼液 3 倍稀释液兑 1%白糖定植后每隔 10 天喷 1 次，进行叶面追肥，有利于增加植株碳水化合物含量。初花期利用蜜蜂传粉或用手持振荡器辅助授粉，门椒坐住后及时打掉门椒以下侧枝，生长期及时摘除病叶、老叶，适当疏剪过密枝条。

五、富硒辣椒的种植管理方法

（一）田间管理

1. 苗床期管理

富硒辣椒病害严重、发病较多。苗期主要有立枯病、猝倒病、青枯病、根腐病、疫病等病害。另外，应加强苗床期间水分、温度管理，如遇干旱，在晴天早上 10 时前，下午 5 时后各浇水一次，注意控制温度，苗床内温度一般白天 20～30 ℃，夜间 15～20 ℃为宜。白天如温度过高需揭膜通风降温，预防高温烧苗，夜间温度低，需盖膜保温。在苗床期，要随时除草，并做好匀苗、间苗工作，为富硒辣椒苗生长创造条件。在移栽前 3～5 天揭膜炼苗。移栽前 1 天浇一次透水，以利于拔苗时不伤根系。移栽时尽量做到带土移栽，这样有利于苗移栽后尽快成活。

2. 移栽至大田期管理

富硒辣椒移栽前，大田做到精耕细作，四周开沟、中间破沟、防渍防涝。沟宽 45 cm，单株种植，株行距 40 cm×47 cm，亩密度 3500～3600 株为宜。施足肥水，亩施 750～1000 kg 充分腐熟农家肥，生物有机肥 50 kg、磷肥 15 kg、钾肥 10 kg 充分混合搅匀后做底肥，施于穴中。

选择晴天上午或下午 4 时后移栽，栽后浇水，利于成活。移栽 15 天后打药一次，预防病害，结合除草培土追肥，促进富硒辣椒苗期生长。随时注意防治虫害，防涝防渍，为富硒辣椒提供良好的生长条件，为富硒辣椒高产奠定基础（图 3 - 57）。

图 3 - 57　田间管理

3. 采收期

富硒辣椒成熟后，进行采收。由各乡镇联系收购商，同收购商约定采收时间，通知农户统一采收，统一组织销售。

以售青椒为主的地块，每采收 2 次必须追肥 1 次，为了进一步提高青椒产量。

（二）科学施硒

1. 培育机理

富硒辣椒是运用生物工程技术原理培育出来的。在辣椒生长发育过程中，叶面和果面喷施"瓜果型锌硒葆"，经过辣椒自身的生理生化反应，将无机硒吸入辣椒植株体内，转化为人体能够吸收利用的有机硒，有机硒富集在辣椒果实中而成为富硒辣椒。生产富硒辣椒虽然早、中、晚熟品种均可以，但以种植中晚熟品种，采摘老熟果为好，这是因为这种辣椒生长时间长，吸收的硒多。

2. 使用方法

用"瓜果型锌硒葆"13 g，加好湿 1.25 mL，加水 15 kg，充分搅拌均匀，然后均匀喷到辣椒叶面和果实表面上。一般在辣椒苗期、开花期、结果期分别施硒一次。苗期施硒最好在移栽前 5～7 天进行，每亩施硒溶液 15 kg。开花期、结果期施硒时，每次每亩施硒溶液 30 kg。

3. 注意事项

施硒时间最好选择阴天或晴天下午 4 时后进行。喷施雾点要小，施硒后 4 h 之内遇雨，应补施一次。宜与好湿等有机硅喷雾助剂混用，以增强溶液黏度，延长硒溶液在叶面和果面的滞留时间，增强施硒效果。可与酸性、中性的农药、肥料混用，不能与碱性的农药、肥料混用。富硒辣椒采收前 20 天停止施硒。

六、富硒辣椒的病虫防治

病虫防治应坚持"预防为主，综合防治"的方针，以农业防治、物理防治、生物防治为主，化学防治为辅，实行无害化综合防治措施。药剂防治必须符合国家要求，杜绝使用禁用农药，严格控制农药用量和安全间隔期。

（一）常见病害

1. 猝倒病

（1）主要症状

猝倒病是富硒辣椒苗期易受病害之一，全国各地均有分布，常由育苗期温度和湿度不适、管理粗放引起，发病严重时常造成幼苗成片倒伏死亡。发病初期，苗床上只有少数幼苗发病，几天后以此为中心逐渐向外扩展蔓延，最后引起幼苗成片倒伏死亡（图 3 - 58）。

图 3 - 58　辣椒猝倒病

（2）防治方法

进行种子、床土消毒，或选用无病新土育苗；加强苗床管理，提高苗床温度，降低棚内湿度，严防幼苗徒长，发现病苗及时拔除；发病初期用大蒜汁 250 倍液、25% 络氨铜水剂 500 倍液或井冈霉素 1000 倍液喷洒，一周后再喷一次。

2. 灰霉病

（1）主要症状

苗期为害叶、茎、顶芽，发病初子叶变黄，后扩展到幼茎，使之缢缩变细，幼苗常自病部折倒而死。成株期为害叶、花、果实。叶片受害多从叶尖开始，初呈淡黄褐色病斑，逐渐向上扩展成"V"形病斑。茎部发病产生水渍状病斑，病部以上枯死。果实被害，多从幼果与花瓣粘连处开始，呈水渍状病斑，扩展后全果皆有褐斑。病健交界明显，病部有灰褐色霉层（图3-59）。

图3-59 辣椒灰霉病

（2）防治方法

加强大棚湿度管理，及时通风排湿，浇水选择晴天上午进行，适当稀植，及时摘除植株下部多余枝叶，保持植株通风透光。发现病株适当控制浇水，用2％春雷霉素500倍液或80％碱式硫酸铜可湿粉800倍液喷施全株。

3. 疫病

（1）主要症状

成株染病，叶片上出现暗绿色圆形病斑，边缘不明显；潮湿时，叶片上可出现白色霉状物，病斑扩展迅速，叶片大部软腐，易脱落，干后呈淡褐色。茎部染病，出现暗褐色条状病斑，边缘不明显，条斑以上枝叶枯萎，病斑呈褐色软腐；潮湿时，斑上出现白色霉层。果实染病，病斑呈水渍状暗绿色软腐，边缘不明显；潮湿时，病部扩展迅速，全果软腐，果上密生白色霉状物，干燥后变淡褐色（图3-60）。

图3-60 辣椒疫病

（2）防治方法

对种子和苗床进行消毒，或选用无病新土育苗。采用地膜覆盖栽培，阻挡土壤中萌发孢子向上扩散；下午闭棚速度不宜过快，减少叶片结露。发病后适当控制浇水，防止土壤过湿。棚内空气湿度大时，及时放风排湿，施入生石灰调酸。发病初期可用大蒜汁250倍液、井冈霉素1000倍液、80％碱式硫酸铜可湿粉800倍液每隔7～10天全株喷药1次，连续喷2～3次。

（二）常见虫害

富硒辣椒最常见的虫害是蚜虫，其主要防治方法包括以下几点。

（1）发虫前悬挂黄板诱杀，植株喷肥皂水、辣椒水驱蚜，及时发现蚜虫并喷药消灭蚜源，防止病毒扩散。

（2）选择周围种植高秆植物的地块做苗床，可预防蚜虫迁飞传病。

（3）用银灰色的薄膜或纱窗，或用普通农用薄膜涂上银灰色油漆，平铺在畦面四周以避蚜。

七、富硒辣椒的加工与运输

由于栽培方式和品种属性不同，富硒辣椒的始收期也不同。一般湖南省大棚辣椒在4月15日～25日开始上市；小拱棚辣椒在4月20日～30日开始上市；地膜辣椒在4月25日～5月5日开始上市，露地栽培早熟辣椒在5月中下旬上市；中熟辣椒在6月中旬～7月上旬开始上市；晚熟品种在7月下旬～8月上旬开始上市。一般抢早栽培的辣椒以采收嫩果为主，只要果实具有本品种特征时就可采摘，因为上市早、价格高；中晚熟品种以采摘中等成熟果为主；需要加工的辣椒以采摘老熟果为主。富硒辣椒采收后，需要进行分级、包装、储藏、运输、销售。

富硒辣椒的食用方法可谓是多种多样，每个地区有自己独特的方法。下面我们来了解一下富硒辣椒的加工和运输。

（一）富硒辣椒的加工

1. 红辣酱

取红辣椒10 kg、盐1.5 kg、花椒30 g、大料50 g。先将富硒辣椒洗净、晾干，再将调料粉碎，与辣椒末一并入缸密封，7天后即成（图3-61）。

图3-61　红辣酱

2.腌青辣椒

取青辣椒 10 kg、盐 1.4 kg、水 2.5 kg、大料 25 g、花椒 30 g、干生姜 25 g。将青辣椒洗净、晾干、扎眼、装缸。将花椒、大料、干生姜装入布袋，投入盐水中煮沸 3~5 min 捞出，待盐水冷却后入缸。每天搅动一次，连续 3~5 次，约 30 天后即成（图 3-62）。

图 3-62　腌青辣椒

3.腌红辣椒

取新鲜红辣椒 10 kg、盐 2 kg、白糖 500 g、料酒 100 g。将富硒辣椒洗净，在开水中焯 5 s 迅速捞出，沥水，晾晒后倒进大盆，加入盐、白糖拌匀，腌 24 h 后入缸，淋入料酒，密封储藏，约 60 天后即成。

4.豆瓣辣酱

取新鲜富硒辣椒 10 kg、豆瓣酱 10 kg、盐 500 g。将富硒辣椒洗净、去蒂、切碎，入缸加盐与豆瓣酱搅匀，每天翻动一次，约 15 天后即成（图 3-63）。

图 3-63　豆瓣辣酱

5.辣椒芝麻酱

取富硒辣椒 10 kg、芝麻 1 kg、盐 1 kg、五香粉 300 g、花椒 100 g、八角 100 g。将富硒辣椒、芝麻粉碎，与花椒、八角、五香粉及盐一并入缸充分拌匀后储藏，随吃随取。

6. 酸辣椒

取新鲜富硒辣椒 10 kg，米酒、醋精各 20 g。先将富硒辣椒洗净，用开水烫软后捞起、沥干、装缸，然后加入米酒、醋精及凉开水（水高于富硒辣椒 10 cm），密封腌渍，约 60 天后即成。

7. 五香辣椒

取富硒辣椒 10 kg、盐 1 kg、五香粉 100 g。将富硒辣椒洗净，晒成半干，加入调料拌匀，入缸密封，15 天后即成。

（二）富硒辣椒的运输

富硒辣椒在运输时，包装富硒食品提倡使用由木、竹、植物茎叶和纸制成的包装材料，允许使用符合卫生要求的其他包装材料；包装应简单、实用，避免过度包装，并应考虑包装材料的回收利用；允许使用二氧化碳和氮气作为包装填充剂；禁止使用含有合成杀菌剂、防腐剂和熏蒸剂的包装材料。

第四章　叶菜类富硒蔬菜栽培技术

第一节　富硒韭菜高效栽培技术

一、富硒韭菜的种植概念

富硒韭菜的生产必须按照富硒食品的生产环境质量要求及生产技术规范来生产，以保证它的无污染、富营养和高质量的特点。

韭菜具有极高的营养价值，含有蛋白质、脂肪、碳水化合物、粗纤维、钙、磷、胡萝卜素、硫胺素、核黄素、抗坏血酸等营养成分，具有很好的消炎杀菌作用。韭菜具有温中下气、补肾益阳等功效，被称为"起阳草"。传统中医惯用韭菜来治疗男性性功能低下症；现代研究还有新的说法，称韭菜有扩张血管，降低血脂的作用。韭菜是我国传统的蔬菜，也是中医常用的药物，是卫生部确定的"食药同源"的食品之一。

富硒韭菜具有补肾温阳，益肝健胃，行气理血，润肠通便等作用（图4-1）。

图4-1　富硒韭菜

二、富硒韭菜的种类

富硒韭菜常以其耐寒性的强弱，叶子的形状、长短、颜色及分蘖的习性等作为品种类型的依据，也可以依据食用的部位将其分为叶用种、花薹用种、叶与花薹兼用种及根用种。普遍栽培的是叶与花薹兼用种，既可收嫩叶，又可收花薹。按照叶的宽窄可分为宽叶、窄叶两类。

（一）宽叶种韭菜

又称大叶种韭菜，叶片宽厚、色浅、柔嫩，产量高，香味略淡，易倒伏（图 4 - 2）。

图 4 - 2　宽叶种韭菜

（二）窄叶种韭菜

又称小叶种韭菜，叶片窄长、色深、纤维多，香味浓，直立性强，不易倒伏，耐寒（图 4 - 3）。

图 4 - 3　窄叶种韭菜

我们在生产中选取富硒韭菜品种时，应了解不同品种的区域性和季节性。首先，不同品种的富硒韭菜对气候的适应性不同，应选择在当地气候条件下适应性最强、产量最高、品质最优、最受消费者欢迎的品种。其次，要注意品种的季节性，富硒韭菜在不同季节中有多种栽培方式，因此要求选择适宜的品种。如露地丰产栽培，宜选叶片肥大宽厚的品种；冬季保护地栽培宜选耐寒的品种；夏季覆盖栽培宜选耐高温、高湿及抗病的品种；软化栽培宜选植株粗壮、恢复生长快的品种；瓦筒等扣栽宜选叶片直立，不向四周披离的品种等。

栽培较多的富硒韭菜品种有以下六种。

1. 西蒲韭菜

又名铁杆子，四川成都地方品种。叶簇直立，株高 38 cm～40 cm，分蘖较多，叶呈深绿色，叶片较多，叶片宽，叶长约 36 cm，叶宽约 0.7 cm，叶肉较厚，叶鞘（假茎）粗硬，不易倒伏、不易浮蔸。产量高，品质好，较耐热、耐寒、耐湿。在长沙地区可终年生长，可露地栽培收获青韭，也可软化栽培收获韭黄。

2. 细叶韭菜

湖南农家品种。叶窄条形，深绿色，蜡粉多，叶鞘呈绿白色。分蘖能力强，耐热、耐寒性较强。适宜露地栽培收获青韭。

3. 宽叶韭菜

湖南农家品种。叶宽条形，绿色，蜡粉少，叶鞘呈绿白色。分蘖能力中等，耐热、较耐寒，耐旱、耐涝，抗病性强。既可露地栽培，又可软化栽培。

4. 香韭菜

湖南农家品种。叶肉厚，宽条形，深绿色，无蜡粉，叶鞘呈绿白色。分蘖能力中等，耐热、耐旱。夏季适宜露地栽培，冬季适宜在保护地栽培。

5. 汉中冬韭

叶鞘较长，横断面呈圆形。叶丛直立，叶片肥厚、宽大，叶数较多，质鲜嫩，纤维少，色浅绿，耐寒，春季萌发早，生长快，长势壮，高产，但味较淡，品质中等。适宜露地和软化栽培。

6. 成都马蔺韭

成都地方品种。叶簇直立，叶鞘呈扁圆形，叶片宽而长，色淡绿，叶肉厚，不耐寒，但夏季生长迅速。适宜春夏季露地栽培和软化栽培。

三、富硒韭菜的环境选择

（一）基地的完整性

基地的土地应是完整的地块，其间不能夹有进行常规生产的地块，但允许存在有机转换地块。富硒韭菜生产基地与常规地块交界处必须有明显标记，如河流、山丘、人为设置的隔离带等。

（二）必须有转换期

由常规生产系统向富硒生产转换通常需要2年时间，其后播种的韭菜收获后才可作为富硒产品；多年生韭菜在收获之前需要经过3年转换时间才能成为富硒作物。转换期的开始时间从向认证机构申请认证之日起计算，生产者在转换期间必须完全按富硒生产要求操作。经1年富硒转换后的田块中生长的韭菜，可以作为富硒转换作物销售。

（三）建立缓冲带

如果富硒韭菜生产基地中有些地块有可能受到邻近常规地块污染的影响，则必须在富硒和常规地块之间设置缓冲带或物理障碍物，以保证富硒种植地块不受污染。不同认证机构对隔离带长度的要求不同，如我国认证机构要求8米，德国有机食品认证机构要求10米。

四、富硒韭菜的种植过程

（一）品种选择

应使用富硒韭菜种子和种苗，在得不到已获认证的富硒韭菜种子和种苗的情况下（如在富硒种植的初始阶段），可使用未经禁用物质处理的常规种子；应选择适应当地土壤和气候特点且对病、虫害有抗性的韭菜种类及品种。在品种的选择中要充分考虑保护作物的遗传多样性，禁止使用任何转基因种子。

（二）浸种催芽

1. 技术操作内容与标准

早春气温低，播前4～5天将种子放入40℃的温水浸泡一昼夜。用干净的纱布包好置16～20℃处催芽。

2. 预期效果

出苗整齐一致，一般新种子发芽率应达 75% 左右（图 4 - 4）。

图 4 - 4　盆栽韭菜

（三）肥料运筹

1. 技术操作内容与标准

韭菜耐肥，按年亩产 5000 kg 韭菜计，需施碳 650 kg 左右，纯氮 24 kg，磷 14 kg，钾 17.5 kg。现亩施含碳 25% 的牛马厩肥 1250 kg，合碳 312.5 kg，含氮 0.36%～0.6%，合 4.5～7.5 kg，含磷 0.16%～0.18%，合 2～2.25 kg，钾 0.2%～0.26%，合 2.5～3.25 kg。再施含碳 25% 的鸡粪 1250 kg，合碳 312.5 kg，含氮 1.6%，合 20 kg，含磷 1.5%，合 18.75 kg，含钾 0.85%，约合 10.6 kg，两项总碳量达 625 kg，氮 24.5～27.5 kg，磷 20.75～21 kg，钾 13.1～13.85 kg，氮、磷充足但稍缺钾，故应再施草木灰 200 kg，含钾 5%，合纯钾 10 kg 来补足。此外，有机粪用 50 kg CM 菌固体分解，保护营养元素。

2. 预期效果

碳氮比合理，低投入、高产出，好管理，不生虫，少染病或不染病。

3. 注意事项

钾足不易染灰霉病，草木灰避种蝇。草木灰需防淋、防水冲，干燥保存施入。长期配合使用生物菌可预防蛆虫危害，从根本上解决用化学剧毒农药杀虫问题。

五、富硒韭菜的管理方法

（一）田间管理

富硒韭菜一般在阴历 3 月初下种，到中秋节前移栽。移栽的时候要稀一点，五六棵一塘。富硒韭菜田里的基肥要足，土要松，垡要细，畦宽五尺左右，墒宽一尺，墒深七八寸，田要爽水。

播种前要用水柳叶子沤水，并掺少许煤油，浇灌一次将蝼蛄呛出并拾干净；如果有地老虎，还要做相应的处理。富硒韭菜最喜欢的肥料是鸡鸭粪、人畜粪、家杂灰或者饼肥。用饼肥时要先把菜籽饼沤熟，用水稀释后再泼浇，施肥的时间最好选在傍晚。

富硒韭菜一般 15 天割一刀，割韭菜要在早晨或者傍晚时进行，要用快刀平泥割。割时要按先后顺序排着割，割后用钉耙松土，把旁边的细土扒一点盖到韭菜桩子上，过一两天后施一次肥。富硒韭菜比较耐旱，如果天气过于干旱时要在早晨浇水。

要尽量争取韭菜早发芽，早上市。前一年冬天收刀要早，让尾刀韭菜的叶子自然枯死，将粪渣、杂灰和碎草覆盖在韭菜上，第二年开春后，把碎草和大垡块划掉，再追施粪肥，这样头刀韭菜出芽快。富硒韭菜分岔力强，新栽的韭菜 2～3 年时间每塘就能发展到 30～40 棵。如果韭菜密度过大，要及时分棵移栽。

富硒韭菜适应温度范围广，长江以南四季均可露地栽培；长江以北富硒韭菜冬季休眠，冬季可利用富硒韭菜根茎中储藏的营养进行温室囤韭、阳畦盖韭等方法生产韭黄或利用富硒韭菜抗寒、耐弱光的特性采用日光温室、塑料拱棚以及阳畦等保护设施生产青韭。冬季也是广东、广西等地富硒韭菜软化栽培的适宜季节。种植富硒韭菜可以采用直播和育苗两种方法。东北各省多用直播，其他地区以育苗为主。苗床选择中性沙壤土，精细整地，春秋均可播种。

我国南方地区用高畦栽植，华北地区用平畦，东北地区多采用垄栽。株高 18～20 cm 为适宜定植的生理苗龄（图 4-5），定植期应避开高温雨季。平畦栽培，行距 20～25 cm，穴距 12～15 cm，每穴 8～10 株；垄栽行距 25～35 cm，穴距 18～20 cm，每穴 20～30 株。栽植深度以不埋没叶鞘为准。

图 4-5　韭菜定植

1. 定植后当年的管理

新叶长出时适当追肥并浇水，促其发根长叶。夏季注意排水防涝，适时清除田间杂草。入秋后，富硒韭菜进入旺盛生长时期，应分期追肥、浇水，促进植株生长。水分是影响富硒韭菜产量和品质的重要因素，如果水分不足，纤维含量会增加，丧失柔嫩的特点，但田间积水易引起根茎腐烂，高温高湿易诱发病害。秋末，富硒韭菜生长速度减缓，应控制浇水，防止恋青。冬季土壤失墒是富硒韭菜越冬死亡的主要原因，高寒区进冬前应浇水防寒。

2. 定植后两年以上的管理

正确处理收割与养根、当年产量与来年产量的关系才能获得连年高产。长江以北，早春返青后，将根茎部位的土壤剥开，数天后再复原，以提高地温，消灭种蝇，促进根系生长，淘汰细弱分蘖。结合剥根，每年春季可以盖客土 2～3 cm，有利于叶鞘伸长和软化。春季收割 2～3 次，每次收割后，结合浇水追施速效氮肥，以恢复长势。夏季不适于韭菜生长，应加强肥水管理，防治种蝇危害，不留种的地块应及时采摘花薹（图 4 - 6）。在当地韭菜凋萎前 50～60 天停止收割，使营养物质向根茎转移，增强越冬抗寒能力，为翌春返青生长奠定物质基础。北方如果计划在冬季栽培韭菜，秋季不应收割，并于植株生长期间用竹竿将韭株围护起来，防止倒伏，使营养在根茎中积累。一般全年可收割 4～5 次，每次相隔 25～30 天，但夏季不宜收割。

图 4 - 6　韭菜种子

3. 采种

富硒韭菜从第 2 年开始抽薹、开花（图 4 - 7）、结籽，一般选择 3～4 年生的富硒韭菜采种。采种田与生长田应定期轮换，连年采种富硒韭菜长势难恢复。原种田应选择具有本品种特征，叶片数目多、分蘖力强、生长苗壮的植株做种株。

良种田应片选，淘汰劣株。富硒韭菜为异花授粉，不同类型和品种的隔离距离为 1000～2000 m。花薹变黄时清晨采收花球，采收后晾干、脱粒。

图 4 - 7　韭菜花

（二）科学施硒

高含硒量的富硒矿粉（1494 mg/kg）增硒效果要大于低含硒量的矿粉（392 mg/kg）。但韭菜对硒的吸收量与富硒矿粉的含硒量比例变化不一致，这可能与富硒矿粉的风化程度有关。高含硒量富硒复混肥增硒的总体趋势优于低含量的，但是也有例外，这与硒在复混肥中的分布有关。

韭菜含硒量在喷施 200 mg/L 亚硒酸钠溶液时达到峰值，直到喷施浓度高达 800 mg/L 的亚硒酸钠溶液时仍然没有出现叶片受伤害的现象，表明韭菜对高浓度亚硒酸钠溶液有较强的耐受能力。

研究结果表明，施用富硒蚯蚓粪与喷施亚硒酸钠溶液在韭菜叶片长度、韭菜产量、维生素 C、叶绿素、叶片硒含量等方面均具有显著的促进作用；施用富硒蚯蚓粪和喷施蚯蚓氨基酸叶面肥后，叶片长度、地上部产量、氮磷钾锌含量等方面与施用之前相比均有显著提高。

六、富硒韭菜的病虫防治

可以采用如下方法的一种或任意两种以上组合来防治病虫。

（1）在富硒韭菜种植地段上方罩防虫网，网眼密度 30～50 目，每 0.8～1.2 亩构建一个防虫网。

（2）蓖麻防虫。蓖麻叶提取液的提取方法：将蓖麻叶研磨成浆，加水 3～5 倍，浸泡 12 小时，过滤去渣，将提取液喷洒在韭菜叶面，还可将蓖麻叶晒干研粉后掺土施用。

（3）将蓖麻子油渣加水 5 倍，搅拌浸泡 12 小时后提取，过滤去渣。所得提取液选择晴天黄昏时喷洒在韭菜叶面，每亩用药液 20~40 kg。

七、富硒韭菜的肥料选择

氮、磷、钾对应植物的根、茎、花，氮肥适于植物根系的生长发育；磷肥适于植物的茎、叶生长发育；钾肥适于植物花、果的生长和发育。根据想要富硒韭菜的具体部分，可以相应施肥。

富硒肥料的制备：在干牛粪中加入亚硒酸钠，经蚯蚓转化后得到富硒蚯蚓粪和富硒蚯蚓。富硒蚯蚓经过自制的方法可以分解成蚯蚓氨基酸叶面肥。蚯蚓氨基酸叶面肥在使用前用水稀释，装入喷壶后再进行喷施。

八、富硒韭菜的加工与运输

富硒韭菜在富硒种植中，要比常规的蔬菜生长缓慢，但是富硒韭菜的生长期较长，它吸收了更多的硒储存在叶子里，导致富硒韭菜的叶子比常规的韭菜叶子略厚一些，采收的标准也与常规的韭菜略有不同。

常规的韭菜在采收时因为药物的作用较大，所以生长的周期较短，第一茬的收割时间在 25 天以上。富硒韭菜需要的时间要比常规韭菜的时间要长一周左右，可根据韭菜叶片的多少来进行采收，一般富硒韭菜第一次采收时，韭菜的单株叶片达到 5 片就已经足够了，并且采收的位置要在离地约 2 cm 处进行收割。采收富硒韭菜应选在晴天进行，采收时间以清晨时间为最佳，采收时刀口一定要锋利，避免刀刃钝而影响下一茬韭菜的生长（图 4 - 8）。

图 4 - 8　韭菜收割

采收过后的整理包括以下内容。

刚采收的富硒韭菜根部会有泥土、杂物和干枯损坏的茎叶，将其去除，使富硒韭菜看上去干净整齐。既然是富硒韭菜，就一定要秉承着富硒的理念，尽量远离污染和化学加工，因此富硒韭菜的整理就需要手工来完成。为了方便运输，需要把富硒韭菜绑成捆状，按照每 100 g 一捆的方法来完成捆绑工作。为了保鲜，可以平均每 10 小捆为一组分别包装存放。因为在采收富硒韭菜的时候，必然会有好坏的不同等级，所以好坏等级也需要分别进行包装。然后，再将包装好的富硒韭菜放入一个固定的容器内，方便运输。由于农作物是靠吸收土地中的水分和养分来维持生长的，为了防止富硒韭菜出现打蔫的现象，可定期给富硒韭菜喷水。

将分别包装好的富硒韭菜放置在包装箱中，包装箱要求大小一致、牢固，内壁要光滑平整，防止磨损富硒韭菜叶（图 4 - 9）。为了防止富硒韭菜在进行光合作用时产生多余的水分，包装箱的容器内要保持干燥、卫生、无污染。按同品种、同规格分别包装，每件包装的净含量不得超过 10 kg，误差不超过 2%。每一个包装上应标明产品名称、产品标准编号、商标、生产单位名称、详细地址、规格、净含量和包装日期等，标志上字迹清晰、完整、准确。

图 4 - 9　韭菜扎捆

临时储存时，要求储存地点阴凉、通风、清洁、卫生。短期储存时，应按照富硒韭菜的品种、规格等分别码放，保持通风散热，要严格地控制室内的湿度，并且储存室中的温度不宜过高或过低，在 0 ℃上下偏差 0.5 ℃最为合适。当空气湿度在 88%～90%及以上时，在储存前将富硒韭菜根部浸泡水 15 min，等根部的水分沥干后，放入塑料包装袋中，这样做一般可使富硒韭菜保鲜 45～50 天。

0 ℃的低温包装是运输和储藏的理想条件，实际上如果没有完善的冷链系统，可以在 12 个小时以内的短途运输中采用保温车运输的方法。但是如果在冬季和南菜北调的情况下，一般较为常用的方法是在保温车厢内加冰：先将富硒韭菜装入塑料袋再放到竹筐里，在竹筐中央部位、塑料袋与塑料袋之间放一些冰块；在高帮敞车车厢底部先铺一层约 33 cm 厚的冰，上面码两层菜筐，再放一层冰，再码菜筐，再放冰；车帮内侧挂两层棉被，并在顶部互相搭接棉被，最后在上面再盖一层棉被。运输时做到轻装轻卸，严防机械损伤。运输工具要清洁、卫生、无污染、无杂物。在运输的过程中，一定不要打开运输富硒蔬菜的车厢，卸载货物的时候，一定要等车彻底熄火 10 min 后再进行卸货，防止汽车尾气对蔬菜造成污染。

第二节　富硒生菜高效栽培技术

一、富硒生菜的种植概念

大量研究表明，无机硒具有蓄积毒素和诱发基因突变的作用，使用剂量难以控制，且吸收率低、毒性大、副作用大。相比之下，有机硒具有毒性低、生物利用率高等优点，因此，近年来人们开始寻找天然有机硒化物，将其作为补硒的来源，富硒农产品自然成了首选。目前，在农业生产中一般采用土壤施硒和叶面施硒的方法来提高农产品的硒含量。生菜为菊科莴苣属植物，在欧洲、美洲、东亚、中国东南沿海均有栽培。生菜含有丰富的维生素和矿物质，适合生吃，是"生食疗法"中的主要蔬菜种类，可作为蔬菜富硒研究的重要材料。相关研究表明，基质施硒和叶面施硒对生菜富硒有一定效果。

富硒生菜茎叶中含有莴苣素，故味微苦，具有镇痛催眠、降低胆固醇、辅助治疗神经衰弱等功效；富硒生菜中含有甘露醇等有效成分，有利尿和促进血液循环的作用。富硒生菜中含有一种"干扰素诱生剂"，可刺激人体正常细胞产生干扰素，从而产生一种"抗病毒蛋白"来抑制病毒。富硒生菜具有清热安神、清肝利胆、养胃的功效，适宜患胃病、维生素 C 缺乏者，肥胖、减肥者，高胆固醇、神经衰弱者和肝胆病患者食用。常食富硒生菜有利于女性保持苗条的身材。

富硒生菜成熟期不一致，应分期采收。收获时用小刀自地面割下，剥除外部老叶，除去泥土，保持叶球清洁。

二、富硒生菜的种类

富硒生菜可根据它的叶型和植株形态分为皱叶生菜、直立生菜和结球生菜。

（一）皱叶生菜

叶缘波状有缺刻或深裂，叶面皱缩，不结球或仅结松散的叶球（图4-10）。

图4-10　皱叶生菜

（二）直立生菜

直立生菜又叫散叶生菜，叶狭长直立，全缘或有锯齿，一般不结球或卷心呈圆筒形（图4-11）。

图4-11　直立生菜

（三）结球生菜

顶生叶形成叶球，圆形或扁圆形，外叶开展，叶缘有锯齿，叶面皱缩或平滑（图4-12）。按叶面有无皱折可分为皱叶和平滑叶两种；按叶球大小和质地来分，可分为软叶和脆叶两种。软叶型叶球小，生长期短，较耐低温，但在高温长日照下易抽薹；脆叶型叶球大而坚实，质脆嫩，晚熟，高产，不易抽薹，耐储运。

图 4 - 12　结球生菜

三、富硒生菜的环境选择

（一）气候条件

富硒生菜喜欢冷凉的气候，种子发芽的最适温度为 15～20 ℃，3～4 天便可发芽，种子发芽最低温度为 4 ℃。若温度达到 30 ℃以上，发芽会受阻，因此夏季播种时，需进行低温处理，以促进种子内的酶活性及其他物质转化率。结球生菜茎叶的最适生长温度为 11～18 ℃，结球期的最适温度为 17～18 ℃。幼苗可耐 −5 ℃低温，21 ℃以上时则不易形成叶球或因叶球内部温度过高引起心叶坏死腐烂，30 ℃以上时结球生菜会生长不良。不结球生菜适应温度范围较结球生菜广。

（二）土壤条件

富硒生菜适宜微酸性土壤，在硒含量富饶的土壤中种植，保水、保肥力强，产量高；在干旱缺水的土壤中种植，富硒生菜根系发育不全，生长状况不良，菜味略苦，品质差。

富硒生菜对硒具有一定的生物富集能力，通过基质施硒可以有效地提高生菜体内有机硒的含量，证实生菜对硒具有主动吸收的机制。但在基质施硒量达到 2.5 mg/kg 时，生菜内硒含量下降显著，这可能是因为过高的硒处理产生的毒害作用影响到蔬菜的新陈代谢及对养分的吸收。

（三）水分条件

富硒生菜不同的生长期，对水分要求不同。幼苗期，土壤不能干燥也不能太湿，太干燥幼苗易老化，太湿幼苗易徒长；发棵期，要适当控制水分；结球期水分要充足，缺水条件下，富硒生菜叶小味苦；结球后期水分不要过多，以免发生裂球，导致病害（图 4 - 13）。

图 4 - 13　生菜田

四、富硒生菜的种植过程

（一）栽培季节

根据富硒生菜各生长期对温度的要求，利用保护设施栽培生菜，可以做到分期播种、周年生产供应。秋季栽培时要注意先期抽薹的问题，应选用耐热、耐抽薹的品种。

（二）品种选择

根据当地的气候条件、栽培季节、栽培方式及市场需求，选择适宜的优良品种。目前生产上常用的半结球生菜有意大利全年耐抽薹、抗寒奶油生菜等；散叶生菜有美国大速生、生菜王、玻璃生菜、紫叶生菜等。

（三）培育壮苗

富硒生菜种子小，发芽出苗要有良好的条件，因此多采用育苗移栽的种植方法。当平均气温高于 10 ℃时，可在露地育苗，低于 10 ℃时需要采用适当的保护措施。

1. 做苗床

苗床土力求细碎、平整，每平方米施入腐熟的农家肥 10～20 kg，天然磷肥 0.025 kg，撒匀，翻耕，整平畦面。播种前浇足底水，待水下渗后，在畦面上撒一薄层过筛细土，随即撒籽。育苗移栽 25 g 种子可栽 1 亩大田。

2. 种子处理

将种子放在 4～6 ℃的冰箱冷藏室中处理一昼夜后再进行播种。播种时，将处理过的种子掺入少量细沙土，混匀后再均匀撒播，覆土 0.5 cm。

3. 苗期管理

生菜的苗期温度白天控制在 16～20 ℃，夜间控制在 10 ℃左右。在幼苗有 2～3 片真叶时要进行分苗。分苗前，应先给苗床浇 1 次水，分苗畦与播种畦都要精细整地、施肥、整平。移植到分苗畦的菜苗要按苗距 6～8 cm 进行栽植，分苗后随即浇水，并给分苗畦盖上覆盖物。缓苗后，适当控水，这样有利于发根、壮苗。

（四）定植

小苗有 5～6 片真叶时即可定植。定植时要尽量保护幼苗根系以缩短缓苗期，提高成活率（图 4 - 14）。根据天气情况和栽培季节可采取灵活的栽苗方法。露地栽培可采用挖穴栽苗后灌水的方法，即先在畦内按行距开定植沟，按株距摆苗后浅覆土将苗稳住；冬春季保护地栽培可采取水稳苗的方法，即在沟中灌水，然后覆土将土坨埋住，这样可避免全面灌水后降低地温给缓苗造成不利影响。

图 4 - 14　生菜定植

（五）田间管理

1. 浇水。缓苗后 5～7 天浇 1 次水。春季气温较低时，水量宜小，浇水间隔时间长；生长盛期需水量多，要保持土壤湿润；叶球形成后，要控制浇水，防止水分不均造成裂球和烂心；保护地栽培的富硒生菜在开始结球时，浇水既要保证植株对水分的需要，又不能过量，田间湿度不宜过大，以防病害发生。

2. 追肥。以底肥为主，结球初期，随水追 1 次氮肥促进叶片生长；15～20 天追第 2 次肥，以氮磷钾混合肥为宜，每亩 15～20 kg；心叶开始向内卷曲时，再追施 1 次混合肥，每亩 20 kg 左右。

3. 病虫害防治。病害主要有霜霉病、软腐病、病毒病、干腐病、顶烧病等；虫害主要有潜叶蝇、白粉虱、蚜虫、蓟马等。富硒生菜的病虫害应以预防为主，辅以田间管理等综合措施。

五、富硒生菜的管理方法

（一）田间管理

1. 土壤选择

应选择有机质丰富、保水保肥力强、透气好、排灌方便的微酸性饱土来种植富硒生菜。

2. 品种选择

可选"玻璃生菜""结球生菜""花叶生菜"和"凯撒生菜"等。

3. 播种育苗

富硒生菜的一般播种期为 8 月至翌年 2 月，最适宜的播种期为 10 月中旬～12 月中旬。3 月上旬、7 月上旬亦可播种，但这两个时期生菜生育期短、产量低。冬季和早春要进行大棚或小棚栽培，夏季要进行遮阳网或阴棚栽培。育苗地每 60 m² 施腐熟农家肥 1500 kg、生物肥 20 kg，翻耕后掺匀整平。"玻璃生菜"以 9 月至翌年 1 月播种为宜，"结球生菜"以 10 月～12 月播种为宜。育苗移栽，每亩栽培田需苗床 20～30 m²，用种量 25～30 g。高温季节播种，种子必须要进行低温催芽，其方法：先用井水浸泡 6 h 左右，捞取搓洗后用湿纱布包好，置于 15～18 ℃下催芽，或吊于水井中催芽，或放于冰箱中（温度控制在 5 ℃左右）24 h 后再将种子置于阴凉处保温催芽。顺利打破生菜种子休眠后，种子 2～3 天即可齐芽，80％种子露白时应及时播种。播种前，苗床要浇足够的水，再将种子与等量湿细砂混匀后撒播，在苗床上覆厚 0.5 cm 左右。当幼苗有 2～3 片真叶时可以进行分苗。冬季、春季大棚或露地育苗要注意苗床保温，同时应控制浇水量，防止湿度过大；夏季露地育苗，注意用遮阳网覆盖，每天淋水 2～3 次，保持土壤湿润。

"玻璃生菜"在苗龄 25 天左右，4～6 片真叶时可定植，株行距 14 cm×18 cm。"结球生菜"在苗龄 30～35 天，5～6 片真叶时可定植，株行距 17 cm×20 cm，畦宽 0.8～0.9 m。定植地每亩施有机肥 4000～5000 kg，或生物有机肥 50 kg。定植时应带土护根，及时浇水定根。栽植深度以不埋菜心叶为宜。高温季节定植的，应在定植当天上午搭好棚架，覆盖遮阳网，下午 4 时后移栽。冬春栽培，可采用地膜覆盖。大棚栽培，白天温度应控制在 12～22 ℃为适宜，温度过低时应注意保温，温度过高（24 ℃以上）时应揭膜通风降温，一般情况可敞开大棚裙膜。

4. 肥水管理

富硒生菜需肥较多，应勤施和多施肥，定植后 5～6 天追少量有机氮肥，15～20 天后每亩追生物有机肥 15～20 kg，25～30 天后追生物有机肥 10～15 kg，但中后期不可用粪尿作追肥。定植后需水量大，应根据缓苗后天气、土壤湿润情况适时浇水，一般每 5～6 天浇水 1 次，中后期浇水不能过量。

（二）科学施硒

蔬菜施硒的方式除了水培施硒，还有基质施硒和叶面施硒。有研究人员在研究基质施硒对生菜品质的影响时发现，当施硒量达到 1.2 mg/kg 时能够显著提高生菜中有机硒（0.01 mg/kg）、叶绿素和维生素 C 的含量。补硒水培生菜实验中，当亚硒酸钠浓度高于 0.5 mg/L 时，随着硒处理浓度的增加，富集的有机硒增量减少。富硒种植得到的有机硒含量是一个很关键的指标，但是以上研究结果的有机硒含量均没有明确指出是基于干重或是鲜重计算得出的。

低浓度的硒可以促进叶绿素的合成，较高浓度的硒可以抑制叶绿素的合成。这可能是因为低浓度硒促进了与叶绿素合成有关的矿质元素的吸收，进而提高了植株叶绿素的含量；而高浓度的硒会使叶片叶绿体膜受损、基粒结构解体，使其从原来致密、有序排列的状态变成松散的匀质状态，进而抑制叶绿素的合成。硒对叶绿素的合成起调节作用，这可能与它和含巯基的酶的相互作用有关（图 4 - 15）。

图 4 - 15　富硒生菜

维生素 C 是人体内不可缺少的营养物质，但维生素 C 在人体内合成量较少，必须从外界食物中摄取来满足人体的需要。有研究表明，基质施入较低量的硒可以提高生菜中的维生素 C 含量，有改善生菜营养品质的作用，但是在施入量较高的情况下，生菜会出现硒中毒现象，维生素 C 含量降低。研究分析认为，低浓度硒可以提高蔬菜体内维生素 C 含量，是因为硒可以促进蔬菜对铁的吸收，而铁是呼吸作用电子传递蛋白复合体的重要组成部分，从而影响整个电子传递链，硒通过这样的机理促进维生素 C 的代谢，增加蔬菜的维生素 C 含量。

六、富硒生菜的病虫防治

（一）主要病害

富硒生菜最常见的病是叶斑，主要有两种症状：一种病状是褐色至暗灰色病斑，初呈水渍状，后逐渐扩大为圆形至不规则形；另一种是深褐色病斑，边缘不规则，外围具水渍状晕圈（图 4-16）。潮湿时，斑面上生暗灰色霉状物，严重时病斑互相融合，致叶片变褐干枯。富硒生菜的病状借气流及雨水溅射传播蔓延，通常多雨或雾大露重的天气容易发病，植株生长不良或偏施氮肥长势过旺会加重病害。

防治方法：

（1）注意摘除病叶及病残体，携出田外烧毁。

（2）清沟排渍，避免偏施氮肥，适时喷施肥料，使植株健壮生长，增强抵抗力。

图 4-16　生菜叶斑

（二）主要虫害

常见的虫害有桃蚜、指管蚜、豆天蛾等杂食性虫害。其预防措施如下：

（1）选用抗病耐热品种，一般散叶型品种较结球品种抗病。

（2）夏、秋季种植时采用遮阳网或在棚膜上适当遮阴的栽培技术，注意适期播种，出苗后小水勤浇，勿过分蹲苗。

（3）及时防治蚜虫，减少传毒，控制病害发展，发病初期可喷施叶面肥，增强植株抗病能力（图 4 - 17）。

图 4 - 17 生菜蚜虫

七、富硒生菜的肥料选择

1. 充分利用动植物残体腐熟肥。如秸秆肥（图 4 - 18）、饼肥（图 4 - 19）、沼气肥、堆肥、动物排泄物，这些肥料必须是未被污染且充分腐熟的。

2. 轮作能固氮的豆科作物及绿肥，将空气中的氮气转化为氮肥留存在土壤中供蔬菜生长利用；施用解磷、解钾菌分解利用土壤中难被作物利用的无效磷、钾，施用草木灰，满足作物对氮、磷、钾等的基本需求。

3. 对需肥量较大的作物可以施用部分天然肥料。如钾矿粉、磷矿粉、氯化钙、有机专用肥等。

4. 禁止使用化肥和城市污水污泥、未经沼气池腐熟的人粪尿。人粪尿不得在根茎、叶菜类等直接食用的蔬菜上使用。

5. 种菜与培肥地力同步进行。一般每亩施有机肥 3000～4000 kg，追施有机专用肥 100 kg，以施底肥为主。

图 4 - 18 秸秆肥

图 4 - 19　饼肥

八、富硒生菜的加工与运输

（一）富硒生菜的加工

鲜切生菜是指以新鲜富硒生菜为原料，经清洗、修整、分级、切割或切分、护色、杀菌、称量、包装等处理后，再经过冷藏运输而进入市场冷柜销售，供消费者立即食用或餐饮业使用的一种新型加工产品。它与罐装果蔬、速冻果蔬相比，具有品质新鲜、使用方便、营养卫生等特点。

核心技术内容包括以下五点：

1. 选用富硒生菜的品种

要求富硒生菜球型大，茎短小，叶片翠绿，耐储运，口感好，品种具有抗热性、抗寒性、抗抽薹与抗病性。

2. 鲜切生菜栽培营养调控技术

根据富硒生菜生长过程中的氮、磷、钾及微量元素等养分吸收规律，提出最佳施肥种类、比例、数量和时期，这样可有效防止缺素性生理病害，延长富硒生菜货架期。

3. 鲜切生菜加工保鲜与品质控制技术

鲜切生菜加工保鲜主要通过低温、气调和食品添加剂等处理来保持富硒生菜品质，防止褐变和腐烂；通过使用无残留、无污染消毒剂和酸性电解水，对鲜切生菜清洗、脱水、包装，以此来保障其品质。

4. 鲜切生菜产品包装工艺技术

选用适宜二氧化碳透气率的包装材料，通过适宜气体比例保鲜，延长蔬菜产品保质期。

5. 采用与国际接轨的蔬菜产品质量和安全管理体系进行认证

开展整个鲜切生菜加工流程的质量自控管理，有效保障鲜切生菜产品的安全与品质，提高富硒生菜加工技术含量，提高产品品质，延长产品货架期 3～7 天，提高产品附加值 2～5 倍，使农民增收，使企业增效。

（二）富硒生菜的运输

富硒生菜的运输应严格按照国家有关规定操作。为了让富硒生菜在运输的路上不腐烂，生产者应选用优良的抗病品种。另外，值得注意的是，在成熟期 15 天之前采收富硒生菜，这样可以延长存放期，但是会影响口感。

第三节　富硒香菜高效栽培技术

一、富硒香菜的种植概念

香菜学名芫荽，别名胡荽、香荽，可食用其叶及嫩茎，具香气，可作为调味品，也可装饰拼盘。富硒香菜的营养丰富，每 100 g 富硒香菜含有蛋白质 1.8 g，碳水化合物 6.2 g，膳食纤维 1.2 g，脂肪 0.4 g，维生素 A 193 μg，胡萝卜素 1160 μg，维生素 B1 0.04 mg，维生素 B2 0.14 mg，维生素 B3 2.2 mg，维生素 C 4 8 mg，维生素 E 0.8 mg，钙 101 mg，铁 2.9 mg，硒 0.53 μg。富硒香菜中维生素 C 的含量比普通蔬菜高得多，一般人每天食用 7～10 g 富硒香菜叶就能满足人体对维生素 C 的需求量；富硒香菜中所含的胡萝卜素要比西红柿、菜豆、黄瓜等高出十多倍。富硒香菜的香气是由醇类和醛类组成的挥发油及苹果酸钾引起的，食用后可增加胃液分泌，增进食欲，调节胃肠蠕动，提高消化力。

富硒香菜是一年生或二年生草本植物，高 30～100 cm，全株无毛，有强烈香气。根细长，有多数纤细的支根。茎直立，多分枝，有条纹。基生叶一至二回羽状全裂，叶柄长 2～8 cm；羽片广卵形或扇形半裂，长 1～2 cm，宽 1～1.5 cm，边缘有钝锯齿（图 4 - 20）。

图 4 - 20　富硒香菜

富硒香菜性温味甘，具有健胃消食、发汗透疹、利尿通便、祛风解毒的功效，主治初期麻疹、食物积滞、胃口不开、脱肛等病症。富硒香菜一般无病虫害，不需药剂防治，是典型的无公害蔬菜。富硒香菜营养价值高，且具有一定的药用价值，销售价格比普通香菜高 20% 左右，深受生产者和消费者喜爱。

二、富硒香菜的种类

富硒香菜有大叶和小叶两个类型。目前，适合富硒栽培的主要有 5 个品种。

（一）山东大叶香菜

山东地方品种。株高 45 cm，叶大，色浓，叶柄紫，纤维少，香味浓，品质好，但耐热性较差（图 4-21）。

图 4-21　山东大叶香菜

（二）北京香菜

北京市郊区地方品种，栽培历史悠久。嫩株高 30 cm 左右，开展度为 35 cm。叶片呈绿色，遇低温时叶片绿色变深或有紫晕。叶柄细长，呈浅绿色。北京香菜每亩产量为 1500~2500 kg，较耐寒耐旱，全年均可栽培。

（三）原阳秋香菜

河北省原阳县地方品种。植株高大，嫩株高 42 cm，开展度 30 cm 以上，单株重 28 g。嫩株质地柔嫩，香味浓，品质好，抗病、抗热、抗旱，喜肥（图 4-22）。原阳秋香菜每亩产量约为 1200 kg。

图 4-22　原阳秋香菜

（四）白花香菜

白花香菜又名青梗香菜，为上海市郊区地方品种。香味浓，晚熟，耐寒，喜肥，病虫害少，但产量低，每亩产量为 600～700 kg（图 4 - 23）。

图 4 - 23　白花香菜

（五）紫花香菜

紫花香菜又名紫梗香菜。植株矮小，塌地生长。株高 7 cm，开展度 14 cm。早熟，播种后 30 天左右即可食用。耐寒，抗旱力强，病虫害少，一般每亩产量为 1000 kg 左右。

三、富硒香菜的环境选择

富硒香菜属耐寒性蔬菜，适宜在较冷且湿润的环境条件下生长，在高温干旱条件下不易生长。富硒香菜具有抗寒性强、生长期短、栽培容易等特性，从播种到收获，其生育期为 60～90 天，在我国各地不同的自然条件均可栽培。富硒香菜的环境要求一般为阳光充足、雨水充沛、土壤肥沃，可以在疏松的石灰性砂质壤土上栽培。富硒香菜对磷肥的反应最为敏感，磷肥可提高香菜中精油的含量。

富硒香菜属于低温、长日照植物，一般条件下，幼苗在 2～5 ℃低温下经过10～20 天可完成春化，以后在长日照条件下，通过光周期而抽薹。香菜为浅根系蔬菜，吸收能力弱，所以对土壤中水分和养分的要求均较严格，因此，保水保肥力强、有机质丰富的土壤最适宜富硒香菜生长。香菜对土壤 pH 的适应范围为6.0～7.6。

富硒香菜多为露地栽培，分为春季、夏季、秋季和越冬栽培。春季香菜在 2月上旬至 4 月上旬播种，5 月上旬至 6 月上旬收获；夏季香菜在 6 月上旬播种，8月中旬收获；秋季香菜在 7 月上旬至 8 月下旬播种，9 月上旬至 12 月下旬收获；越冬香菜在 8 月上旬至 9 月上旬播种，翌年 2 月上旬至 4 月下旬收获。

四、富硒香菜的种植过程

（一）选地

富硒香菜生育期较短，主根粗壮，是浅根性蔬菜，且芽软，顶土能力差，吸肥能力强。富硒香菜的选地可选择土壤比较肥沃、保水保肥性能好，旱能浇，涝能排，通透良好，肥沃疏松，且五年以上未种过香菜的壤土地，切不可重茬。可利用早西红柿、黄瓜、豆角等为前茬。前茬收获后，及时清除作物残体，以减少病虫害发生。深耕细耙整平，每 0.1 公顷施入 3000～5000 kg 腐熟的农家肥，然后做畦，一般畦宽 1 m，畦长依地形、水源、水量而定，要有利于种植管理，进而促进香菜根系的吸收营养和植株的健壮生长。

（二）播种

富硒香菜可分为大叶型和小叶型。小叶型香菜耐寒性强，香味浓，生吃、调味和腌渍均可，适宜秋季种植。富硒香菜种子为半球形，种子外包着一层果皮。播种前先把种子搓开，防止发芽慢和出双苗，影响单株生长。富硒香菜适宜的播种期为 8 月中旬，最迟不超过 8 月末。条播行距 10～15 cm，开沟深 5 cm；撒播开沟深 4 cm。条播、撒播均覆土 2～3 cm。播后用脚踩一遍，然后浇水，保持土壤湿润，利于出苗。还应注意富硒香菜出土前由于土壤板结幼苗顶不出土的现象，播后应及时查苗，发现幼苗出土时有土壤板结现象时，一定抓紧时间喷水松土，以助幼苗出土。

（三）加强田间管理

为了给富硒香菜创造松软舒适的生育环境和有利于其生长发育的生活条件，营造适温适湿的环境，多次中耕、松土、除草是关键。

1. 早疏苗并适时定苗

当幼苗长到 3 cm 左右时，要对幼苗进行间苗、定苗。在整个生长期我们要进行 2～3 次的耕土、松土、除草。第 1 次多在幼苗顶土时，用轻型手扒锄或小耙进行轻度破土皮松土，消除板结层，同时拔除早出土的杂草，以利幼苗出土。第 2 次在苗高 2～3 cm 时进行，条播的富硒香菜可用小平锄适当深松土，并拔除杂草。第 3 次在苗高 5～7 cm 时进行。这样及早中耕、松土、除草，可促进幼苗旺盛生长。待叶部封严地面以后，无论是条播或撒播，就不再中耕、松土了，只是有目的地进行几次除草就可以了。

2. 追肥与浇水

定苗前一般不浇水，以利于控上促下，蹲苗壮根。定苗后及时浇一次稳苗水，量以不淹没幼苗为宜。随着幼苗的旺盛生长，需水量逐渐增多，浇水间隔也逐渐缩短。全生育期需浇水 5～7 次，头三水间隔 10 天左右浇一次，从四水起间隔 6～7 天浇一次。

（四）收获及储藏

富硒香菜在高温时，播种 30 天后可收获，而在低温时，播种后 40～60 天，可收获。收获可间拔，也可一次收获。秋季栽培除近期食用外，还可储藏，以供冬春食用。储藏多采用埋土冻法，食用前将富硒香菜取出放在 0 ℃～10 ℃的地方缓缓解冻，仍可保持其鲜嫩状态，色味不减。

五、富硒香菜的管理方法

（一）田间管理

富硒香菜苗期管理需注意以下三点。

（1）富硒香菜的发芽期较长，从播种到出苗大约需要 9～10 天的时间。在富硒香菜萌芽期，若遇到雨后骤晴的天气，苗床上容易形成一层"锅饼"，严重影响富硒香菜的出苗率。菜农可以通过浇一次小水保证土壤的透气性，以利于出苗。

（2）当富硒香菜长到 4～5 cm 高时要进行间苗。菜农可按照株距 3～4 cm 进行间苗，保证富硒香菜有足够的生长空间，留取的幼苗要大小一致，以便于管理。在间苗的同时要结合拔除田间杂草（图 4 - 24）。

图 4 - 24　香菜定植

（3）虽然富硒香菜的病害较少，但因为富硒香菜是露地种植的，菜农还是应以预防虫害为主。

雨季时一些一年种植两茬富硒香菜的菜农即将播种，那么从播种到收获的 45～50 天内，应如何管理呢，雨季富硒香菜管理应重点抓好以下三个环节。

首先是苗期管理。其次加强水肥管理。如果天气晴，5～7 天应浇一次水。最后就是及时收获。现在市场上收购的富硒香菜一般都在 23～25 cm 高，如果高度超过 25 cm，出售价格将大打折扣，因此当富硒香菜大部分长到 23 cm 高时应及时出售。

（二）科学施硒

在香菜的生长发育过程中，在香菜的叶片喷施"粮油型锌硒葆"，香菜通过自身的生理生化反应，将吸入植株体内的无机硒转化成有机硒富，经检测，富集在香菜中的硒含量不小于 0.01 mg/kg 时即称为富硒香菜。

在 21 g "粮油型锌硒葆"中，加好湿 1.25 mL 或卜内特 5 mL，加水 15 kg，充分搅拌均匀，然后将溶液均匀喷施到香菜叶片的正反面。一般在苗期施硒 1 次，每公顷施硒溶液 225 kg；在旺盛生长期施硒 1 次，每公顷施硒溶液 450 kg。

阴天和晴天下午 4 时后施硒效果较佳。施硒时要喷洒均匀，雾点要细，叶片正反面均要喷到。喷施硒溶液后 4 小时之内遇雨，应补施 1 次。硒溶液可与中性、酸性的农药及肥料混用，但不能与碱性的农药、肥料混用。香菜采收前 15 天停止施硒。

六、富硒香菜的病虫防治

富硒香菜几乎不长虫，常见病害有菌核病、叶枯病、斑枯病、根腐病。

（一）菌核病

1. 主要症状

主要浸染茎基部或茎分杈处，病斑扩展环绕一圈后向上向下发展。潮湿时，病部表面长有白色菌丝，随后皮层腐烂，内有黑色菌核（图 4 - 25）。

图 4 - 25　香菜菌核病

2. 防治办法

（1）着重加强栽培管理，清除越冬菌源，选用抗病品种，辅以药剂防治。

（2）清田选种：留种田消灭菌核，减少初次侵染源，以提高种子质量。具体可采用轮作和深翻留种田灭菌等方法，留种时要注意清选种子，以剔除种子中夹杂的菌核，以免影响发芽。

（3）加强田间管理

种株合理密植，改善栽培田环境，巧施磷肥，培育壮苗，提高植株抗病力。要注意合理密植、通风透光。在春季多雨情况下，应适时清沟防溃，降低田间湿度。

（二）叶枯病与斑枯病

这两种病害一旦发病，病情会迅速蔓延，造成的危害比较严重。这两种病害主要在叶片上发病，叶片染病后变黄褐色，温度高时病部腐烂，严重的沿叶脉向下侵染嫩茎直到心叶，会造成严重的减产，因此要特别防治这两种病害（图4-26）。为了防治这两种病害，除了选择天然的无毒种子外，同样需要加强管理，在扣棚初期湿度偏高时要注意放风排湿，发现病害要及时喷药防治。

图4-26 香菜斑枯病

（三）根腐病

多发于低洼、潮湿的地块，香菜根系发病后，主根呈黄褐色或棕褐色，软腐，没有或几乎没有须根，用手一拔植株根系就断。地上部表现为植株矮小，叶片枯黄，失去其商品性。防治方法是尽量避免在低洼地上种植，湿度不能长期过太。

七、富硒香菜的肥料选择

科学合理地施肥是富硒香菜优质丰产栽培中的关键环节，措施应用得当会减轻病虫害发生的程度。要做到合理施肥，施肥要以有机肥为主，其他肥料为辅。富硒香菜生长期短，要重基肥，轻追肥，一次性施足基肥。

（一）露地香菜施肥技术

1. 培育壮苗

目前栽培富硒香菜应选择抗性强、商品性好的优良品种。富硒香菜种子在播种前需将其搓开，用 10% 的盐水选种，再用清水将选好的种子冲洗干净，晾干后播种，也可经催芽后再播种。

前茬作物收获完后，清除残茬，每公顷土地施优质腐熟有机肥 60000 kg，撒施后深耕 20 cm，整地做畦播种。

2. 巧施追肥

一般在苗期不需追肥，进入生长盛期可以追肥。采收前 20 天停止追肥。播种后 50 天左右，植株达 20～30 cm 时即可收获上市。

（二）保护地香菜有机施肥技术

秋冬季或冬春季可以利用温室的边沿或空隙地进行播种，也可以在主要蔬菜的前后茬种植。播种时要考虑市场需求及温室种植状况，宜在冷凉季播种。

富硒香菜在肥沃疏松、保水力强的土壤上生长良好。前茬作物收获后，及时清茬整地施肥，富硒香菜每公顷应施腐熟有机肥 45000～60000 kg。苗床在播前应消毒。种子需经特殊处理，如消毒、浸种、催芽。播种后要注意保温保湿。出苗后地温较低，宜少浇水，多中耕。在苗生长加快时，适当增加浇水次数。苗高 10～15 cm 时追 1 次肥，每公顷施磷酸二铵或有机氮肥 225～300 kg。一般在播种后 50 天左右，植株 20～30 cm 时即可收获上市。

八、富硒香菜的加工与运输

（一）寒冷季节多采用窖藏与冻藏

1. 窖藏

富硒香菜在窖内堆放高度一般为 25～30 cm，入窖初期，可堆放在菜窖两道大门之间的过道或离窖门、气窗较近处，这里温度低，便于通风。待气温明显下降后再移到菜窖内部储藏。储藏期，应控制窖内的温度不能超过 5 ℃，否则香菜叶子易变黄腐烂。

2. 冻藏

东北各地多采用此法。先挖深 1 m、宽 25～30 cm 的沟，沟长按储藏量确定。"小雪"前后将香菜带根挖出，将根上的泥土抖净，去掉黄烂叶，扎捆，每捆 2.5 kg 左右（图 4-27）。在早晨入沟，将香菜根朝下，叶朝上斜放。上面撒一层细砂，再撒上 7～8 cm 厚的细湿土。以后随着气温的下降，分 2～3 次增加盖土厚度，但总覆土厚度最好不超过 20 cm。封冻前后，再在沟上加盖 15 cm 厚的草帘或干稻草。沟内温度维持在－5 ℃至 4 ℃，以叶片冻结根部不冻为宜，此法可储存到翌年 2 月底。富硒香菜要缓慢解冻，不能急躁。

图 4 - 27　香菜扎捆

（二）气温较高的季节可采用冷藏法

选棵大、株壮、颜色鲜绿、无病虫的植株。收获时留根 1.5～2 cm，收获后勿受热，及时加工处理，剔除病、伤等黄叶，捆成 0.5 kg 左右的小捆，上架预冷，在库温 0 ℃条件下预冷 12～24 h，然后装入聚乙烯塑料袋。每袋装 8 kg 香菜。松扎袋口，可以方便调节袋内气体成分，使袋内二氧化碳的平均含量为7.8％左右，氧气平均含量为 10.3％左右，商品率和保鲜指数均达 90％以上，损耗在 7％～8％。储藏香菜的库温，最好恒定在－1.5 ℃至 1 ℃，不能过低。此法可储存到翌年 5 月。

（三）家庭储藏的办法

将富硒香菜摘净，不去根，洗净，装入塑料袋（最好是保鲜袋），封口前将袋内吹入空气然后置入冰箱保鲜层，可保存一周左右。或将富硒香菜装入保鲜袋，同时放入一小块萝卜或胡萝卜（可为香菜提供水分），再将保鲜袋口扎紧并放入冰箱冷藏室，可延长富硒香菜的保鲜时间。

无冰箱的家庭，可选棵大、颜色鲜绿、带根的富硒香菜，捆成 500 g 左右重的小捆，外包一层纸（不见绿叶为好），装入塑料袋。将富硒香菜根朝下叶朝上置于阴凉处，随吃随取。此法储藏可使富硒香菜在 7～10 天内菜叶鲜嫩如初。

如要长期储藏，可将富硒香菜根部切除，摘去老叶、黄叶、摊开晾晒 1～2天。编辫挂阴凉处风干。食用时用温开水浸泡即可，这种方法可保持富硒香菜色绿不黄，香味犹存。

（四）包装注意事项

富硒香菜的包装允许使用符合卫生要求的包装材料；包装应简单、实用，避免过度包装，并应考虑包装材料的回收利用；允许使用二氧化碳和氮作为包装填充剂；禁止使用含有合成杀菌剂、防腐剂和熏蒸剂的包装材料，禁止使用接触禁用物质的包装袋或容器盛装。

第四节　富硒茼蒿高效栽培技术

一、富硒茼蒿的种植概念

茼蒿又名蓬蒿、菊花菜、蒿菜、同蒿、义菜、鹅菜等，菊科菊属，为一年生或二年生草本植物，叶互生，长形羽状分裂，花朵黄色或白色，高 0.6～1 m，原产中国及地中海地区。富硒茼蒿营养丰富，药用价值大，根、茎、叶、花均可入药，具有清血、养心、降压、润肺、清痰的功效。富硒茼蒿具有特殊香味，幼苗或嫩茎叶可供生炒、凉拌、做汤等，深受消费者喜爱（图 4 - 28）。

图 4 - 28　富硒茼蒿

富硒茼蒿里含有多种氨基酸，有润肺补肝，稳定情绪，防止记忆力减退等作用，富硒茼蒿里还含有粗纤维，有助于肠道蠕动，帮助人体及时排除有害毒素，从而达到通便利肠的目的。富硒茼蒿里含有丰富的维生素，胡萝卜素等。富硒茼蒿气味芬芳，可以消痰止咳。富硒茼蒿里含有蛋白质及较高量的钠、钾等矿物盐，能够调节体内的水分代谢，消除水肿。富硒茼蒿还含有一种挥发性的精油以及胆碱等物质，其具有降血压、补脑的作用。

二、富硒茼蒿的种类

富硒茼蒿根据其叶片大小，可分为大叶茼蒿和小叶茼蒿两类。

（一）大叶茼蒿

大叶茼蒿又称板叶茼蒿或圆叶茼蒿，叶宽大，缺刻少而浅，叶片厚，嫩枝短而粗，纤维少，品质好，产量高，但生长慢，成熟略迟，适宜在南方地区栽培（图4-29）。

图4-29 大叶茼蒿

（二）小叶茼蒿

小叶茼蒿又称花叶茼蒿或细叶茼蒿，叶狭小，缺刻多而深，叶片薄，嫩枝细，香味较浓。生长快，产量低，较耐寒，成熟稍早，适宜在北方地区栽培（图4-30）。

图4-30 小叶茼蒿

三、富硒茼蒿的环境选择

富硒茼蒿原产于我国，属于半耐寒性蔬菜，喜欢冷凉湿润的气候条件，大棚种植，全国各地均可以栽培。种植富硒茼蒿一定要遵循有机种植来选择种植环境，远离污染。

（一）温度

富硒茼蒿喜欢冷凉环境，不耐高温。最适宜的生长温度为 17～20 ℃，12 ℃以下生长缓慢，29 ℃以上生长不良，但能耐短期 0 ℃低温，种子在 10 ℃以上即可萌发，但在 15～20 ℃时发芽最快（图 4 - 31）。

图 4 - 31　大棚茼蒿

（二）光照

富硒茼蒿对光照要求不严格，一般在较弱光照条件下生长良好，在较高的温度和短日照条件下抽薹开花。长日照条件下，营养生长不充分，很快进入生殖生长期而开花结籽。

（三）水分

富硒茼蒿对水肥要求不严格，只要经常保持土壤湿润即可，水分过多会影响生长发育而导致减产。

（四）土壤

富硒茼蒿对土壤的适应范围广，要求不严格，但以疏松肥沃的微酸性沙壤土最好。以 pH 为 5.5～6.8 最适宜。

四、富硒茼蒿的种植过程

（一）选种

应选用抗病力强、抗逆性强、品质好、商品性好、适应栽培季节的品种。种子质量应符合以下标准：种子纯度≥95％，种子净度≥98％，种子发芽率≥95％，种子中含水量≤8％。

富硒茼蒿可干籽播种，也可催芽后播种。一般春栽用催芽播种，这样可减少低温引起的烂种，缩短育苗时间，提高出苗率。催芽前，种子先用55℃的温水浸泡30 min，然后用20～30℃的温水浸泡24 h，再用清水洗净种子表面上的黏液，用纱布包好放在20℃的恒温下催芽，每天用温水淘洗1次，3～5天后出芽待播。

（二）选地

选上一年为非茼蒿种植的地块。底肥采用有机肥与无机肥相结合，施肥与整地相结合的方法，中等肥力土壤每亩应施腐熟的厩肥2000～3000 kg，高肥力土壤每亩应施腐熟的厩肥1000～2000 kg，并配合施用适量有机蔬菜专用肥。混匀土壤和肥料，整平后做1.0～1.5米宽畦，耙平畦面。

（三）播期和播种量

富硒茼蒿种植主要采取撒播或条播的方法，播种后覆土1 cm左右，耙平镇压。春播一般在3～4月间，秋种在8～9月间，冬种在11月至翌年2月间。

小叶品种适于密植，用种量大，每亩2～2.5 kg；大叶种侧枝多，开展度大，用种量小，每亩1 kg左右。

（四）播种方法

1. 撒播

浇足底水，将种子均匀撒播于畦面，覆盖准备好的1 cm左右厚的细土。

2. 条播

将出芽的种子播种在准备好的畦面浅沟中，行距10～15 cm，沟深2～3 cm，覆盖准备好的1 cm左右厚的细土，浇足水。

五、富硒茼蒿的管理方法

（一）田间管理

1. 选地整地

栽培富硒茼蒿的土地最好选用沙壤土，要求有方便的灌溉条件。选好地后进行耕翻，并施入少量粪干做基肥，与表土层混合均匀，做成宽1.4～1.5 m的平畦，准备播种。

2. 播种

播种方法可采用撒播或条播。撒播每亩用种量 4～5 kg，为了增加产量，提高质量，用种量可加大到每亩 6～7 kg。条播按行距约 10 cm 播种，每亩用种量约 2.5～3 kg。为了出苗整齐和早出苗，播种前可进行浸种催芽，将种子放入温水中浸泡 24 h，捞出稍晾后在 15～20 ℃条件下催芽，待种子露白时播种，播种后覆土约 1 cm（图 4 - 32）。

图 4 - 32　茼蒿条播

3. 间苗和除草

富硒茼蒿在播种后约 1 周即可出苗，在幼苗长到具有 2～3 片真叶时，应进行间苗，并拔除田间杂草。撒播的间苗应使植株保持约 4 cm×4 cm 的株行距，条播的株距控制在 3～4 cm。当小苗长到 10 cm 左右时，小叶种茼蒿按株、行距 3～5 cm 见方间拔，大叶种茼蒿按 20 cm 左右见方间拔，同时铲除杂草。间苗和采收时结合除草，除去病虫叶或植株，并进行有机处理。

4. 浇水

富硒茼蒿在生长期间不能缺水，应保持土壤湿润，但在雨季播种的富硒茼蒿，在种苗刚出土时，应控制水分，浇水时间和次数要灵活掌握，以防猝倒病发生，之后应保持田间湿润，遇雨注意防涝，及时排除积水。

5. 施肥

基肥以有机肥为主，一般每亩施用腐熟的粪干 300～400 kg。追肥以速效氮肥为主，一般在苗高 10～12 cm 时开始追肥，每亩用有机氮肥 20～25 kg。以后每采收 1 次，追施相同数量的肥料。

6. 采收

富硒茼蒿一般生长 40～50 天，植株高 20 cm 左右时即可收获。如果想进行多次收获，可用利刀在主茎基部留 3 cm 左右桩处割下，割下的嫩茎叶捆成 0.5 kg 的小把上市销售。割后留下的老苠要及时进行追肥和浇水，1 个月后可再收一茬。

（二）科学施硒

茼蒿富硒生产是在茼蒿生长发育的过程中进行的。在茼蒿的叶面喷施"粮油型锌硒葆"，茼蒿通过自身的生理生化反应，将吸入体内的无机硒转化为有机硒并将其富集在茼蒿茎叶中。经检测，富集在茼蒿中的硒含量不小于 0.01 mg/kg 时即称为富硒茼蒿。

在 21 g "粮油型锌硒葆"中，加卜内特 5 mL 或好湿 1.25 mL，加水 15 kg，充分搅拌均匀，然后将溶液均匀地喷施在茼蒿叶片的正反面，以不滴水为度。施用量根据施硒时期和面积按上述比例配制。一般在茼蒿苗高 5～7 cm 时施硒 1 次，每公顷施硒溶液 225 kg；苗高 10～15 cm 时施硒 1 次，每公顷施硒溶液 450 kg。

在阴天和晴天下午 4 时后施硒，要求雾点细小，喷施均匀。如施硒后 4 h 内遇雨，应补施 1 次。硒溶液可与酸性、中性农药及肥料混用，但不能与碱性农药、肥料混用。茼蒿采收前 20 天停止施硒。

六、富硒茼蒿的病虫防治

防治富硒茼蒿病虫害主要从农业防治入手，要合理施肥浇水；温度管理不要忽高忽低，要创造良好的生态环境，促进植株健康生长，减少病虫危害农药的施用，维护生态平衡。

富硒茼蒿主要病虫害有猝倒病、叶枯病、霜霉病（图 4 - 33）、病毒病、蚜虫、菜青虫、小菜蛾，其防治方法如下：

图 4 - 33　茼蒿霜霉病

（1）农业防治

通过轮作和施用腐熟有机肥等方法减少病虫源。选用抗病品种，科学施肥，加强管理，培育壮苗，增强植株抵抗力。

（2）物理防治

设置 100 cm×20 cm 黄色粘胶或黄板涂机油，按照每亩 30～40 块密度，挂在行间，高出植株顶部，诱杀蚜虫。利用黑光频振式杀虫灯诱杀蛾类、直翅目害虫的成虫；利用糖醋酒引诱蛾类成虫，集中杀灭；利用银灰膜驱赶蚜虫或用防虫网隔离。

七、富硒茼蒿的肥料选择

每亩用优质农家肥 2500～5000 kg，人工深翻 2 遍，把肥料与土充分混匀。

追肥以有机氮肥为主，苗高 10～12 cm 时第 1 次追肥，以后每采收 1 次追施 1 次，每次每亩追施有机氮肥 15～20 kg。

秋茼蒿的播种期为 8 月下旬至 9 月下旬，选土壤肥沃、疏松、保水保肥性好、排灌方便的田块，经翻耕、细整后，做成宽 1～1.2 m、长 10～15 m 的畦，亩施腐熟厩肥 3500～4000 kg，配施生物有机肥 15～20 kg 做基肥。

出苗后，保持土壤湿润，在植株有 4 片真叶时进行第 1 次追肥，每亩追施有机氮肥 5～7.5 kg；当植株有 8～10 片真叶时第 2 次追施肥料，每亩追施 7.5～10 kg 有机氮肥。播种后 40 天左右，待苗高 15 cm 左右时即可采收，可用刀割、剪刀剪或手掐。收割后 1～2 天，亩追施有机氮肥 7.5 kg，促使侧枝盛发。以后每隔 20 天左右采收一次，直至开花为止。

八、富硒茼蒿的加工与运输

富硒茼蒿储藏的适宜温度为 1～2 ℃，相对湿度为 85％～95％。可采用塑料薄膜袋做包装，方法是将 0.03 mm 厚的聚乙烯薄膜制成 90 cm×80 cm 规格的袋子，套入硬纸箱中，每袋装 6 kg 茼蒿，松扎袋口，放于冷库的菜架上或码垛储藏（图 4 - 34）。为保持袋内气体成分稳定，每隔 10 天左右开袋换气 1 次，并擦去袋内凝结的水珠。也可用塑料筐或箱直接包装、堆码，码垛时用塑料大帐覆盖封闭储藏。

图 4 - 34　茼蒿码垛储藏

另外，富硒茼蒿在运输时，应严格按照《富硒农产品生产技术规程》操作。采收后及时用富硒食品专用的运输工具运输至目的地。

第五章 茎菜类富硒蔬菜栽培技术

第一节 富硒芹菜高效栽培技术

一、富硒芹菜的种植概念

芹菜，别名胡芹，为伞形科芹属中一、二年生草本植物。原产于地中海沿岸的沼泽地带，现世界各国已普遍栽培。我国芹菜栽培始于汉代，至今已有 2000 多年的历史，起初芹菜仅作为观赏植物来种植，后作食用，经过不断培育，形成了细长叶柄型芹菜栽培种，即本芹（中国芹菜）。本芹在我国各地广泛分布，而河北遵化、山东潍坊、河南商丘、内蒙古集宁等都是芹菜的著名产地。

古希腊人和古罗马人用芹菜来调味，古代中国还将芹菜用于医药。古代芹菜的形态与现今的野芹菜相似。18 世纪末期，芹菜经培育形成了大而多汁的直立叶柄，人们可食用其叶柄部分。芹菜的特点是多筋，但已培育出一些少筋的变种。在欧洲文艺复兴时期，芹菜通常作为蔬菜煮食或作为汤及蔬菜炖肉等的佐料食用。在美国，生芹菜常用来做开胃菜或沙拉。

芹菜的果实（或称籽）细小，具有与植株相似的香味，可用作佐料，特别是用于汤和腌菜。芹菜种子约含 $2\% \sim 3\%$ 的精油，主要成分是柠檬烯（$C_{10}H_{16}$）和 $\beta -$ 瑟林烯（$C_{15}H_{24}$）。

富硒芹菜的生产必须按照富硒食品的生产环境质量要求和生产技术规范来生产，以保证它的无污染、富营养和高质量的特点（图 5-1）。

图 5-1　富硒芹菜

二、富硒芹菜的种类

富硒芹菜分为本芹（中国类型芹菜）和西芹（欧美类型芹菜）两类。西芹亦称洋芹，是芹菜的一个变种，目前从国外引入许多品种在我国沿海大城市推广栽培（图 5-2）。西芹与本芹形态上差异很大，本芹叶柄细长中空、纤维较多、香味浓，主要供炒食或调味用。西芹叶柄肥厚而富肉质，实杆，十分爽脆，香味淡，具甜味，主要供生食、炒食、制汁或加工罐头，是国际上高档优质蔬菜种类之一。西芹叶柄颜色有绿色和黄色两类。目前西芹的优良品种有犹他系列品种、佛罗里达 683、康乃尔 19、冬芹等。

图 5-2　西芹

（一）西芹

1. 犹他系列

绿色品种，株高 64～70 cm，叶柄长 28～31 cm，叶柄厚而光滑，易软化，外部叶片易老化空心，应及时采收，生长期为 115～120 天。

2. 佛罗里达 683

绿色品种，株高 56～61 cm，呈圆筒形，叶柄长 26～28 cm，抗病力较强，耐寒性差，易抽薹，不宜于寒冷季节栽培，生长期为 110～115 天。

3. 康乃尔 19

黄色品种，植株较直立，株高 53～55 cm，叶柄长 24～26 cm，易感软腐病，宜于软化栽培，软化后呈白色，品质佳，抽薹较迟，生长期为 100～110 天。

4. 冬芹

黄色品种，株形较开展，株高 50～55 cm。叶柄长 20～25 cm，叶柄充实粗壮，适应性强，耐热抗寒，一般生长期在 100 天左右，适宜于冬季栽培（图 5 - 3）。

图 5 - 3　冬芹

（二）本芹

本芹在我国的长期栽培下已选育成许多品种，按叶柄色泽可分为青芹和白芹两类。

1. 青芹

植株较高大，生长势强，叶片大，叶柄粗，绿色，香味浓，适应性强，产量高，品质较差，不易软化（图 5 - 4）。青芹的品种有很多，如长沙、南昌的青梗芹，四川青芹菜，江浙的早青芹、晚青芹，湖北天门芹菜，北京铁杆青等。

图 5 - 4　青芹

2. 白芹

植株较矮，生长势弱，叶色较淡，叶柄细嫩，叶柄呈白色或淡绿色（图5-5），易软化，脆而嫩，品质优，但香味较淡，抗性较差。白芹的品种有上海、江苏的洋白芹，四川草白芹，广州大叶芹菜、白梗芹菜，北京细皮白，天津白芹，福建白芹、面绒芹菜。

图5-5 白芹

三、富硒芹菜的环境选择

富硒芹菜的生长环境要求阴凉湿润，种子发芽的适宜温度为 15～20 ℃。富硒芹菜耐弱光，在高温和强光中，富硒芹菜的纤维素增加导致品质差，低温长日照促使花芽分化，不易产生纤维素，使富硒芹菜清香脆嫩。富硒芹菜喜水，根系浅，吸水能力弱，要求土壤湿润。富硒芹菜适合种植在富含有机质、保水保肥能力强的壤土、黏壤土中。

四、富硒芹菜的种植过程

（一）基地选择

富硒食品基地环境的优化选择是富硒食品生产质量控制的基础条件，良好的生态环境是富硒食品生产的前提。因此，在选择基地的时候，我们应该选择空气清新、水质纯净、生态环境优良、地形开阔、地势高、地下水位较低、土层肥厚、排水良好、附近 5 km 范围内没有厂矿企业等污染源的地方（图5-6）。

图 5-6　富硒芹菜种植基地

（二）栽培技术

1. 品种选择

选用高产、优质、抗病性强、实心的当地农家富硒芹菜品种。

2. 育苗

（1）育苗方式

根据栽培季节和方式，选择适宜的育苗方法。

（2）用种量

每亩用种 80～100 g。

（3）种子处理

将种子放入 20～25 ℃的水中浸泡 16～24 h。将浸好的种子搓洗干净，摊开稍加风干后，用湿布包好放在 15～20 ℃处催芽，每天用凉水冲洗 1 次，4～5 天后当地种子萌芽时即可播种。

（4）苗床准备

露地育苗应选择地势高、排灌方便、保水保肥性好的地块，结合整地每亩施腐熟厩肥 8000 kg。精细整地，耙平做平畦，备好过筛细土，供播种时用。

（5）播种期

根据各地气候不同适时播种。

（6）播种方法

浇足底水，水渗后覆一层细土，将种子均匀撒播于床面，再覆细土 0.5 cm。

（7）苗期管理

保护地育苗：苗床内的适宜温度为 15～20 ℃。露地育苗：在炎热季节播种后要用遮阳网、苇帘等搭设遮阴篷，既可防晒降温，又可防止暴雨冲砸幼苗，待苗出齐后，逐渐拆去遮阴篷。

3. 间苗

当幼苗第 1 片真叶展开时进行第 1 次间苗，疏掉过密苗、病苗、弱苗，苗距 3 cm 见方，结合间苗拔除田间杂草。

（三）定植

1. 整地施肥

基肥品种以优质有机肥为主，在中等肥力条件下，结合整地每亩施优质腐熟厩肥 8000 kg。

2. 定植

芹菜一般在 9 月下旬开始定植，密度一般掌握在 22000~37000 株/亩。定植方法：在畦内按行距要求开沟穴栽，每穴 1 株，培土以埋住短缩茎露出心叶为宜，边栽边封沟平畦，随即浇水。定植时如苗太高，可于 15 cm 处剪掉上部叶柄（图 5-7）。

图 5-7　芹菜定植

3. 定植后管理

（1）中耕

定植后至封垄前，中耕 3~4 次，中耕结合培土和清除田间杂草。缓苗后视生长情况蹲苗 7~10 天。

（2）水肥管理

① 浇水

浇水的原则是保持土壤湿润，生长旺盛期保证水分供给。定植 1~2 天后浇一次缓苗水。以后如气温过高，可浇小水降温，蹲苗期内停止浇水。

② 追肥

株高 25~30 cm 时，结合浇水每亩追施砸细的优质腐熟厩肥 1000 kg。

③ 温湿度

缓苗期的适宜温度为 18～22 ℃，生长期的适宜温度为 12～18 ℃，生长后期温度保持在 5 ℃以上即可。富硒芹菜对土壤湿度和空气相对湿度要求高，但浇水后要及时防风排湿。

五、富硒芹菜的管理方法

（一）田间管理

1. 栽培季节

因西芹耐热耐寒性不及本芹，生育期又长，因此西芹最适宜于秋季栽培，初夏遮阴播种，初秋定植，冬季收获。但选择不同品种，补助以保护措施，可于翌年 1～6 月上旬收获。

2. 播种育苗

西芹多采用育苗移栽的方法，苗期还需分苗假植。西芹苗期多在高温干旱季节，因此，必须有遮阳降温促进种子发芽和幼苗生长的设施与技术。苗床地最好利用大棚留天膜避暴雨，棚膜上再覆盖遮阳网，或直接用遮阳网，以降低床温和防暴雨袭击。播种前床土应充分整细。种子用井水浸种 12～24 h，然后混细砂置于冰箱底层催芽，待有 50%～60% 种子发芽时播种，若没有冰箱也可吊在深井中水面上催芽。播种量 2～3 g/m²，可育 2000～3000 株苗，播后覆浅土，盖草浇水，出苗后即揭草。以后应以凉水进行小水勤浇，通常高温季节早晚各浇水 1 次，以降温保湿。当苗有 2～3 片真叶时，进行分苗假植。假植苗距 6 cm 见方，每亩大田需假植床 18 m²。

（二）科学施硒

芹菜富硒生产是在芹菜生长发育过程中，在芹菜的叶面喷施"瓜果型锌硒葆"，芹菜通过自身的生理生化反应，将无机硒吸入体内转化为有机硒富集在芹菜中，经检测，硒含量不小于 0.01 mg/kg 时即称为富硒芹菜。

在 21 g "瓜果型锌硒葆"中，加卜内特 5 mL 或好湿 1.25 mL，加水 15 kg，充分搅拌均匀，然后均匀喷到芹菜叶片正反面，以不滴水为度。施用量根据施硒时期和面积按上述比例配制。一般在芹菜苗高 8 cm 左右时施硒 1 次，每公顷施硒溶液 225 kg；茎叶生长旺盛期、肉质根膨大期再分别施硒 1 次，每公顷每次喷施硒溶液 450 kg。

施硒时间最好选择阴天或晴天下午 4 时后。施硒后 4 小时内遇雨，应补施 1 次。施硒时宜与卜内特或好湿等有机硅喷雾助剂混用，以增强溶液扩展度和附着力，延长硒溶液在叶面上的滞留时间，提高施硒效果。硒溶液不能与碱性农药和肥料混用。富硒芹菜采收前 20 天停止施硒。

六、富硒芹菜的病虫防治

（一）富硒芹菜的主要病害

1. 斑枯病

（1）发生特点

该病主要为害叶片，也可为害叶柄和茎。叶片上初生淡褐色油浸状小斑，边缘明显，后扩大为圆形，边缘褐色，中央淡褐色到灰白色，病斑上生出许多小黑点，病斑外有黄色晕圈（图 5 - 8）。低温高湿有易于病害发生和流行，气温 20～25 ℃、潮湿多雨的天气发病重。

图 5 - 8　芹菜斑枯病

（2）防治方法

①提倡浸种消毒。留种应在无染病地域和无病株发生的植株上采集，严防带菌种子传播。带菌的种子，可采用药物熏蒸剂消毒，亦可在 45～50 ℃温水浸种 30 min，再放入冷水降温，晾干后再播种。②合理轮作倒茬。一般在种植区应施行 2～3 年轮作，能阻止或减少病害发生。③清除园地。将发病后的病株、病茎和病叶等集中清理，拔除后燃烧或深埋，防止病菌二次传播。④科学管理。适当提早和延迟播种的时间，避开发病严重的夏秋季高温期。一方面平衡施肥，增施用豆饼加过磷酸钙拌禽畜粪及沼气池用过的沼渣、沼液等有机肥，以增强蔬菜抗病能力；另一方面，大棚种植区内应注意通风、透光、排湿，减少昼夜温差，防止湿度过大或农用薄膜结露珠、水滴，不给斑枯病创造发病的环境和机会。

2. 生理性病害

富硒芹菜三种常见的生理性病害的有关内容如下。

（1）叶柄空心

① 症状

这是一种生理老化现象，发生的部位是叶柄，多是由叶柄髓部和输导组织细胞老化、细胞液胶质化失去活力和细胞膜发生空隙所致。叶柄空心多从叶柄基部向上延伸，在同一植株上外叶先于内叶，由叶基到第一节间发生较早。露地栽培如遇高温干旱，肥料不足，病虫危害时也会形成空心；收获过迟，根系吸收能力下降，也会因营养不良而出现叶柄老化而中空（图5-9）。

② 防治方法

在富硒芹菜整个生长期，氮肥始终占主导地位，但生长前期若磷肥不足，则对叶片分化和叶片生长不利。所以，初期施磷肥，中后期施钾肥，这样对富硒芹菜养分输送，叶柄粗壮、充实起很大作用。在富硒芹菜旺盛生长期肥力不够或缺水，生长受到抑制，叶柄也会发生中空。

图5-9　芹菜空心

（2）烧心

① 症状

该病症开始时心叶叶脉间变褐色，然后叶缘细胞逐渐坏死，呈黑褐色，一般多在长出11～12片真叶时开始发生，多在高温干旱、施肥过多的条件下发生。高温能加快富硒芹菜生长进度，促进植物对氮、钾、镁等元素的过量吸收，从而影响对钙的吸收，而烧心则是由缺钙引起的。在干旱条件下，由于根系对钙元素的吸收能力减弱，易造成植株缺钙，土壤酸性越强缺钙越严重。

② 防治方法

在栽培时应注意对酸性土壤施用消石灰，把土壤调节成中性或接近中性；要适量施氮、钾、镁等肥料。

（3）叶柄开裂

① 症状

该病症一是由缺硼引起的；二是在低温、干旱条件下生长受阻所致。另外，在突发性高温多湿，植株吸水过多时，会造成组织快速吸水，也容易出现叶柄开裂现象。这种病症多数表现为茎基部连同叶柄同时开裂，不仅影响芹菜商品品质，而且病菌极易浸染发生霉烂现象。

② 防治方法

防止出现叶柄开裂，可在种植时施足充分腐熟的有机肥料。生长期发现叶柄开裂时，可在叶面喷洒 0.1％～0.3％ 的含硼溶液。在富硒芹菜生长期注意均匀浇水。温室生产的富硒芹菜，应注意加强保温措施，进行正常的适温、适湿管理。

（二） 主要的虫害

1. 蚜虫

（1）发生特点

富硒芹菜蚜虫多发生在高温、干旱的夏、秋富硒芹菜栽培中。症状是富硒芹菜受害后，叶片皱缩、生长不良、心叶枯焦，而且蚜虫排泄物还污染茎叶，使之失去商品价值。

（2）防治方法

一是黄板诱杀，每亩田放置 30 块涂机油的黄板；二是银灰膜驱蚜，播种前或定植前在菜田间隔铺设银灰膜条。

2. 美洲斑潜蝇

（1）发生特点

美洲斑潜蝇在叶片正面取食和产卵，刺伤叶片细胞，形成针尖大小的近圆形刺伤"孔"，对富硒芹菜造成危害。"孔"初期呈浅绿色，后变白，肉眼可见。美洲斑潜蝇的幼虫和成虫可导致幼苗全株死亡，造成缺苗断垄；成株受害，可加速叶片脱落，引起果实日灼，造成减产。

（2）防治方法

一是对无虫芹菜种植区重点保护，发现受害叶片及时摘除，集中沤肥或掩埋；二是人工诱杀。

3. 根结线虫病

（1）发生特点

富硒芹菜根结线虫病主要为害根部的侧根和须根。发病初始，在侧根或须根产生大小、形状不一的肥肿畸形瘤状根结肿大物，即虫瘿（图 5-10）。解剖镜检虫瘿，可见有细长蠕虫状雄虫和梨形雌成虫。染病株发病初始，地上部分症状不明显，严重时表现为植株矮小，生长发育不良，叶片变黄或呈其他颜色；后期病株地上部分出现萎蔫或提早枯死现象。

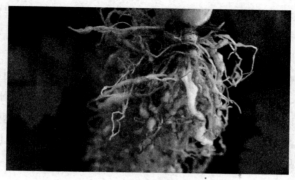

图 5 - 10　芹菜根结线虫病

（2）防治方法

①发病重的地块可实行 3～4 年轮作，可与葱、蒜、韭菜等蔬菜轮作，最好与禾本科作物如小麦、谷子等轮作。②选用无线虫的地块育苗。③对发病地块，大棚内夏季深翻，并进行大水漫灌或密闭大棚提高棚温，使棚内土温达到 60 ℃以上杀死虫卵。④增施有机肥料，不仅可以增强植株的抗性，同时可以增加天敌微生物。⑤加强栽培中水的管理，以可减轻病害。

七、富硒芹菜的肥料选择

富硒芹菜在整个生育期中，对养分的吸收量与生物的增加量是一致的，各养分的吸收动态基本一致，呈"S"形。秋播富硒芹菜营养生长旺盛期也是养分吸收的高峰期，即播种后 68～100 天，在此期间对氮、磷、钾、钙、镁五要素的吸收量分别占各自总吸收量的 84％以上，而其中钙和钾的吸收量高达 98.1％和 90.7％。吸收的营养成分中氮的需要量最高，钙、钾次之，磷、镁最少。氮、磷、钾、钙、镁的需求量比例大致为 9.1∶1.3∶5.0∶7.0∶1.0。

八、富硒芹菜的加工与运输

（一）微冻储藏

在风障北侧建半地下式冻藏窖。窖宽 200 cm 左右，四周建高 100 cm、厚 50～70 cm 的土墙。在培土建南墙时，在墙中间每隔 80～100 cm 立一根直径为

15 cm 左右的木杆，墙建成后拔出木杆，即形成一排垂直的通风筒；再在通风筒的底部横穿窖底挖宽为 25～30 cm 的通风沟，加上北墙贴地面挖的进风口，构成"L"形的通风系统。在通风沟上铺一层秫秸，再铺一层细土，就可把成捆（每捆 10 kg 左右）富硒芹菜根向下斜放入窖内，装满后在上面盖一层细土，使叶片似露非露。随气温下降可逐渐增加覆盖的土层，其厚度约 15 cm。气温在 -10 ℃ 以上时，敞开通风系统；到了 -10 ℃ 以下时，堵塞北墙外的进风口，通过调控使沟内温度维持在 -2 ℃～-1 ℃，这时菜叶间可呈现白露，而叶柄和根部不结冻。需要上市时，可从窖中取出富硒芹菜，先放在 0～2 ℃ 的环境下缓慢解冻，待恢复新鲜状态即可整修上市；或在出窖前 5～6 天去除南侧遮阴障，改设在北面，在其上覆盖薄膜，待土化冻后一层层铲去，最后留一层薄土保护富硒芹菜，使之缓慢解冻。后一种方法损耗小，效果较好。

（二）假植储藏

北方地区普遍采用此法储藏。先挖宽、深各为 70 cm 和 150 cm 的假植沟，再把富硒芹菜连根带土铲下，以单、双株或成簇假植在沟内。株、行之间应适当留有通风空隙，以便通风散热。还可每隔 100 cm 左右，在富硒芹菜间横架一束秫秸，或在沟帮两侧按适当距离挖通风道。假植后要灌水浸没根部，以后根据土壤墒情可适时灌水。覆盖物与菜间应保持一定空隙或在沟顶做稀疏棚盖，以便植株通过散射的阳光进行微弱的光合作用。在整个储期，沟温应维持在 0 ℃ 左右（图5 - 11）。

图 5 - 11　芹菜假植储藏

（三）冷库储藏

一般采取自发气调法储藏，库温控制在 0 ℃，相对湿度保持在 95％ 以上，具体方法可参见菠菜冷库储藏。采用此法本芹可储藏 1 个多月；西芹的耐储性更强，在相同的条件下可储藏 2 个月。

（四）运输及包装

富硒芹菜的运输多为公路或铁路，运输应采用保温车，在适宜的温度、湿度条件下运输。富硒芹菜植株长而脆嫩，易折断造成机械伤害，要求采用较长的竹筐包装，严防挤压。

第二节　富硒生姜高效栽培技术

一、富硒生姜的种植概念

生姜别名百辣云、姜根等，属于多年生宿根草本。富硒生姜根茎肉质肥厚、扁平，有芳香和辛辣味。叶片披针形至线状披针形，长 15～30 cm，宽约 2 cm，先端渐尖基部渐狭，平滑无毛，有抱茎的叶鞘，无柄。花茎直立，被以覆瓦状疏离的片；穗状花序，卵形至椭圆形，长约 5 cm，宽约 2.5 cm；苞片卵形，淡绿色；花稠密，长约 2.5 cm，先端锐尖；萼短筒状；花冠 3 裂，裂片披针形，黄色，唇瓣较短，长圆状倒卵形，呈淡紫色，有黄白色斑点；雄蕊 1 枚，挺出，子房下位；花柱丝状，淡紫色，柱头放射状。蒴果长圆形，长约 2.5 cm，花期 6～8 月。

富硒生姜富含丰富的营养，具有抗氧化，抑制肿瘤，开胃健脾，促进食欲，防暑、降温，杀菌解毒，消肿止痛，防晕车，止恶心呕吐等作用。

图 5 - 12　富硒生姜

二、富硒生姜的种类

富硒生姜的品种有很多，下面简单介绍几种。

(一)"鲁姜一号"优质良种

"鲁姜一号"是济南市第二农业科学院利用射线辐照处理"莱芜大姜"后培育出的优质、高产大姜新品种。多年的试验表明，该品种具有很好的丰产、稳产性能，它与莱芜大姜相比，具有以下优点：

1. 单产高，增产幅度大

经大田试验表明，该品种平均单株姜块重 1 kg，亩产量高达 4552.1 kg（鲜姜 5302.5 kg），比莱芜大姜增产 20% 以上。

2. 商品性状好，市场竞争力强

该品种姜块大且以单片为主，姜块肥大丰满，姜丝少，肉细而脆，辛辣味适中（图 5-13）。

图 5-13 鲁姜一号

3. 姜苗粗壮，长势旺盛

相同栽培条件下，该品种地上茎分枝数为 10～15 个，略少于莱芜大姜，但姜苗粗壮，长势较旺，平均株高 110 cm 左右。

4. 叶片开展、宽大，叶色浓绿

该品种叶片平展、开张，叶色浓绿，上部叶片集中，光合作用的有效面积大。

5. 根系稀少、粗壮

该品种地下肉质根较莱芜大姜数量少，但根系粗壮，吸收能力强。

（二）西林火姜

1. 简介

西林火姜，又名细肉姜，株高50～80 cm，分枝较多，姜球较小，个体匀称，呈双层排列，根、茎皮肉皆为淡黄色，嫩芽紫红色，肉质致密，辛辣味浓，一般亩产800～1000 kg，是制作烤姜块、姜片的主要原料（图5-14）。

图5-14 西林火姜

2. 特点

西林火姜中含有浓郁的挥发油和姜辣素，是人们喜爱的重要调味品。该种姜可加工成烤姜块、烤姜片，经深加工还可制成姜粉、姜汁、姜油、姜晶、姜露和酱渍姜等一系列姜产品。西林火姜具有良好的健胃、祛寒和发汗的功效。

3. 生产规模

西林县年种植火姜面积一般在5万亩左右，总产量约12.5万吨。生姜从每年的12月开始收获。

（三）闭鞘姜

1. 特点

闭鞘姜为多年草本植物，株高1～2 m，顶部常分枝，叶片长圆形或披针形，叶背被绢毛。穗状花序，长约10 cm，苞片红色，花白色，花大而明显（图5-15）。春季分株繁殖，也可用种子繁殖。

图5-15 闭鞘姜

2.分布

闭鞘姜分布于我国台湾、广东、广西、云南等地，东南亚及南亚地区也有分布。闭鞘姜喜温暖湿润气候，宜在林下、山谷等半阴、湿润地区生长，喜湿润、疏松、富含腐殖质的土壤。

（四）安姜2号

1.品种介绍

安姜2号是西北农林科技大学选育的黄姜新品种，该品种丰产性好、抗性强，皂素含量中等偏上，是综合性状良好的黄姜品种。叶片（植株上较大的叶片）长 5.6～6.4 cm，宽 4.6～6.4 cm，长宽几乎相等，为花叶型，七条叶脉呈细而均匀的浅绿色带，果穗上着生 3～7 个蒴果，根茎黑褐色，三出分枝，其中一个芽头长，其余两个芽头短，芽头较少（图 5 - 16）。

图 5 - 16　安姜 2 号

2.适用区域

最适生长在海拔 800 米以下的阳坡及半阳坡或排水良好的平地上，适宜中性偏酸的土壤，耐旱性和耐瘠薄性均较好。栽培条件下，每亩产 1500～4000 kg，生长旺盛，感病少，偶感叶炭疽病和茎基腐病，感病率低于 10%。

三、富硒生姜的环境选择

富硒生姜的生长环境包括以下几点。

（一）温度

富硒生姜喜温暖，不耐霜，幼芽在 16～17 ℃开始萌发，但发芽很慢。温度在 22～25 ℃时生姜生长较好，温度高于 28 ℃则会导致幼苗徒长。茎叶生长期温度以 25～28 ℃为宜,高于 35 ℃以上生长受抑制,姜苗及根群生长减慢或停止,植株渐渐死亡。根茎生长盛期要求昼温 22～25 ℃,夜温 18 ℃以上,这样的温度才有利于根茎膨大和养分积累,温度在 15 ℃以下富硒生病会停止生长。

(二) 光照

富硒生姜喜阴凉,对光照反应不敏感,光呼吸损耗仅占光合作物的 2%～5%,为低光呼吸植物。富硒生姜发芽和根茎膨大需在黑暗环境进行,幼苗期要求中等光照强度富硒生姜不耐强光,在花荫状态下生长良好。旺盛生长期则需稍强的光照以利于光合作用。

(三) 水分

富硒生姜根群浅,吸收水分能力较弱,且富硒生姜的叶面保护组织不发达,导致水分蒸发快,因此富硒生姜不耐干旱,对水分的要求较严格。出苗期生长缓慢需水不多,但若土壤湿度过大,则发育、出苗趋慢,并易导致种姜腐烂。生长旺盛期需水量大大增加,应经常保持土壤湿润,土壤持水量以在 70%～80% 为宜。若土壤持水量低于 20%,则生长不良,纤维素增多,品质变劣。生长后期需水量逐渐减少,若土壤湿度过高,则易导致根茎腐烂。

(四) 土壤

富硒生姜适应性强,对土质要求不是很严格,沙壤土、壤土、黏壤土均可种植 (图 5 - 17),但在土层深厚、疏松、肥沃、有机质丰富、通气和排水良好的土壤中栽培,富硒生姜的产量高,姜质细嫩,味平和;在沙壤土中种植的姜块更光洁美观。富硒生姜对土壤酸碱度的反应较敏感,富硒生姜适宜的土壤 pH 为 5～7.5,若土壤土层 pH 值低于 5,则姜的根系臃肿易裂,根生长受阻,发育不良;pH 值大于 9,根群容易停止生长。

图 5 - 17　生姜产地

（五）养分

富硒生姜在生长过程中，需要不断地从土壤中吸收养分来满足其生长的要求，养分中以氮、磷、钾三要素需求量最大。富硒生姜属于喜肥耐肥作物，它对土壤养分的吸收利用具有一定的规律。富硒生姜全生育期吸收的养分钾最多，氮次之，然后是镁、钙、磷等。不同生长期对肥料的吸收亦有差别，幼苗期生长缓慢，这一时期对氮、磷、钾三要素吸收量占全生育期总吸收量的 12.25%；而旺盛生长期生长速度快，这一时期吸肥量占全生育期的 87.25%。

四、富硒生姜的种植过程

（一）地块和品种选择

1. 地块选择

选择土层深厚、土质肥沃、有机质丰富、pH 为 6～7 的微酸性地块，地势要高，排灌方便。前茬地应为粮田或大蒜田。富硒生姜要求地块周围 3 km 以内无"三废"污染源存在。姜田大气环境质量、灌溉水质、土壤均应符合富硒农产品基地质量标准。

2. 品种选择

依据当地种植习惯，选用高产、优质、抗病虫、抗逆性强、商品性好的品种。

（二）发芽期

1. 培育壮芽

春分前后，选择晴天把姜种平铺于背风向阳平地的晒垫上，晾晒 1～2 天，傍晚收进室内防冻，中午避免强光直射曝晒过度，勿使种姜失水干缩。晒后置于室内堆放 2～3 天，下垫干草，上盖草帘，温度应保持在 11～16 ℃，以促进养分分解。在室内放置一煤炉，隔一定距离在煤炉四周垫一圈草垫，选择肥大丰满、皮色光亮、质地硬且无病的姜块装入编织袋内扎口，堆成圆桶形放于草垫上，外围加盖草帘保温。控制炉火使姜种温度达到 22～25 ℃，定期翻堆，使姜种受热均匀，连续约 15 天可生成适播幼芽。壮芽标准为芽长 0.5～1.0 cm，洁白、鲜亮、肥壮、顶部纯圆，芽基部突起而尚未发根。

2. 播前准备

深耕土壤 20～25 cm，在头耙前需每公顷撒生石灰粉 750 kg，充分耙碎，整平田面。按东西向或南北向做畦，畦面宽 120 cm，沟宽 40 cm，沟深 20 cm，畦长不超过 15 m，沟沟相通，中沟和围沟应比畦沟稍深。在畦上按行距 40 cm 开 3

行种植沟，深约 13 cm。选择位于种姜上部和外侧的姜块做种块，每块姜种应在 50 g 以上，保留 1 个矮壮芽，其余芽全部抹去，并用草木灰蘸伤口，置于室内 1～2 天后播种，每公顷约需种块 3 t。

3. 播种盖肥

谷雨前后选择晴暖天气播种。按 17 cm 的株距将种块水平按入播种沟内，使姜芽与沟内土面相平，姜芽按同一方向与播种沟垂直（图 5-18）。用火土灰盖种，每公顷覆盖 22.5 t；再盖腐熟牛栏粪，每公顷覆 26.25 t；最后覆土 3～6 cm。约在 5 月上中旬可出苗。

图 5-18　生姜播种

（三）幼苗期（5 月中旬至大暑左右）

幼苗期以主茎生长和发根为主，管理上应升温促根，除草遮阴保湿，主攻目标是培育健壮苗。整个幼苗期应做好清沟排水工作，做到沟沟相通，雨停沟干。出苗后，苗高 10～15 cm 时，用腐熟猪尿水淋施蔸边做提苗肥，每公顷淋 26.25 t。当杂草幼苗高达 4 cm 左右时，用 5.25 t/hm² 的稻草覆盖压草，并盖土保湿。夏至后追施壮苗肥，用腐熟猪尿水按 30 t/hm² 的量淋施蔸边。当姜苗生长到"三股杈"期（主茎加 2 个分枝），在覆盖的稻草上加盖 22.50 t/hm² 腐熟堆肥或牛栏粪，并培土覆盖形成高垄。

（四）发棵期（大暑至白露）

发棵期的主攻目标是加强水肥，促使植株健壮分枝达 15～25 个，枝叶茂盛，防止植株脱肥早衰。7～8 月正是枝叶旺盛的生长期，遇旱应及时灌溉，于傍晚土温降低时灌水，深度不宜超过地下茎的高度，第二天清晨排干。立秋前后，重施发棵肥，用氨基酸有机肥（南京农业大学研制，有机质含量占 43%，全氮含量占 7.6%，氨基酸态氮含量占 5.3%，P_2O_5 含量占 1.6%，K_2O 含量占 2.4%）

按 900 kg/hm² 的量点施于姜苗侧旁,培土深盖并加高土层 10～13 cm,将姜行培成龟背形,姜块不外露。约 8 月下旬植株群体进入封行期。

(五) 根茎膨大期 (白露至立冬)

9 月中旬后,气温逐渐转凉且昼夜温差大,有利于养分累积。该期的主攻目标是加强肥水管控,养根保苗,促使植株稳健生长,维持较大叶面积,促进根茎膨大,获得丰产。9 月初根据植株长势,补施姜肥,用氨基酸有机肥按 225～300 kg/hm² 的量溶于 50 倍的水中淋施蔸边。生长后期最忌渍水,必须清沟沥水防渍。如遇干旱应及时灌溉 (方法同前)。收获嫩姜一般在秋分前后开始,采收越早产量越低,具体收获期根据加工要求而定。收鲜姜可在 11 月上、中旬,待地上部茎叶开始枯黄、根茎充分膨大老熟时进行。

五、富硒生姜的管理方法

(一) 田间管理

1. 种期、苗期管理

(1) 覆膜、提早播种

在 4 月 15 日前后播种。盖膜前用专用除草剂按每亩 150 g 的量,对水喷施,清除膜下杂草。地膜可选用厚度为 0.005～0.006 mm、宽度 120 mm 的地膜。

(2) 稀植、增大姜块

高产地块的适宜种植密度为 7000 株/亩,行距 50～55 cm,株距 25 cm。用种量一般在每亩 500 kg 左右。

(3) 遮阴、促进生长

当富硒生姜出苗率达 50% 以上时,应及时进行姜田遮阴,以促进姜苗健壮生长。具体方法:将遮阳网做成条幅状拉于生姜行间,两头用竹竿固定,幅宽 60～65 cm,可选择遮光率为 40% 的遮阳网。

2. 肥水管理

实践证明,富硒生姜在精细整地、足施底肥、精选姜种、科学播种的基础上,要想获得高产还必须抓好中后期管理,其主要技术要点如下:

(1) 轻施提苗肥,重施合枝肥

于 6 月上、中旬结合浇水,每亩顺水冲施有机氮肥 25～30 kg,以促进姜苗生长。7 月上、中旬揭去地膜,每亩地施用三元复合肥 50～60 kg。至 8 月 20 日前,每亩补施硫酸钾 35 kg,追肥后及时浇水。9 月中旬可根据姜苗长势,适量追施钾肥或氮肥,并对地上部进行叶面追肥。

（2）科学浇水

因为富硒生姜喜欢潮湿的环境，田间必须要有充足的水分。为保证富硒生姜顺利出苗，在播种前浇透底水的基础上，一般在出苗前不进行浇水，而要等到姜苗有70％出土后再浇水，具体应根据天气、土质及土壤水分状况灵活掌握。第一水若浇得晚，姜苗受旱，芽头易干枯。由于地膜具有良好的保墒作用，苗期不宜浇水太勤，以膜下浇小水为宜。夏季浇水以早晚为好，不要在中午浇水，同时，要注意雨后及时排水。立秋前后，富硒生姜进入旺盛生长期需水量增多，这时一般要4～5天浇一次水，始终保持土壤湿润。为保证富硒生姜收获后少粘泥土，便于储存，可在收获前5天浇最后一次水。施用分枝肥后应根据富硒生姜生长情况，及时进行分次培土2～3次，确保富硒生姜不露出地面，促进姜块迅速生长（图5-19）。

图5-19 加强田间管理

（二）科学施硒

通过土壤施硒或叶面喷施硒的方式，使生姜吸收硒后转化并富积到茎块中。土壤施硒肥以种肥方式施入土壤中，叶面喷施硒肥选择在姜块膨大期进行。

通过作物自身的吸收转化，硒富积至生姜的姜块中，当姜块中硒含量能够达到 $0.5～0.7 \ mg/kg$ 时即可以获得人体适宜的含硒量，还可增强生姜抗姜瘟病的能力，提高仔姜的品质和产量。

叶面喷施富里酸硒络合肥能有效提高生姜的含硒量，增加生姜产量，提高生姜中姜辣素、粗蛋白、可溶性总糖含量等，从而提高其商品性，增强市场竞争力。

综合考虑不同地区土壤含硒量水平，在土壤含硒量在 $0.3 \ mg/kg$ 以下的中低硒区，叶面喷施富里酸硒络合肥的最佳浓度为 $60 \ mg/L$；在土壤含硒量在

0.3 mg/kg 以上的中高硒区，叶面喷施富里酸硒络合肥的最佳浓度为 50 mg/L。富里酸硒络合肥每亩的用量在 35～40 kg 左右，需分 3 次喷施。

六、富硒生姜的病虫防治

（一）病害防治

姜炭疽病和姜瘟病主要发生在 6～8 月份，发病初期可用等量式波尔多液喷施，间隔 10～15 天连续喷 2～3 次（图 5 - 20）。姜瘟病严重时应及时挖除病株及带菌土壤，集中烧毁或深埋，并在病窝内撒 250～500 g 生石灰，用无菌土封填（图 5 - 21）。姜斑点病一般在 7～8 月份发生，可用石硫合剂 500～800 倍液喷防（图 5 - 22）。

图 5 - 20　姜炭疽病

图 5 - 21　姜瘟病

图 5 - 22　姜斑点病

（二）虫害防治

蓟马虫害主要发生在 5～6 月份，可在姜田内放置蓝色粘板诱捕（图 5 - 23）。

姜螟虫害主要发生在5～7月份，可用振频式杀虫灯和黄板诱杀成虫，找到虫口剥开茎秆捕杀幼虫。小地老虎虫害发生的盛期是6～7月和10～11月，可用黑光灯诱杀成虫，清晨人工捕捉幼虫。蚜虫虫害主要发生在6～8月份，可用黄色粘板诱捕。虫害严重时可用苦参碱、茶皂素、除虫菊等植物源生物杀虫剂防治。

图5-23　蓟马

七、富硒生姜的肥料选择

富硒生姜的生长期长，需肥量多，在施用基肥的基础上，应分期追肥。苗高30 cm时，每亩施具有壮苗效果的生物有机肥15～20 kg以促壮苗。立秋前后，三杈时期是生长的转折时期，可结合拔姜草进行第2次追肥。这次追肥对丰产起着主要作用，一般每亩施腐熟细碎的饼肥70～80 kg或腐熟的优质圈肥3000 kg，另加氮、磷、钾肥15～20 kg，在姜苗北侧15～20 cm处于沟施入。六至八杈时期，每亩追施15～20 kg的生物有机肥。姜块的膨大需黑暗潮湿条件，因此需培土。立秋前后结合拔姜草和大追肥进行第1次培土，以后可结合追肥进行第2次、第3次培土，逐渐把垄面加宽、加厚，为姜块的生长和膨大创造条件（图5-24）。

图5-24　生姜追肥培土

八、富硒生姜的加工与运输

(一) 富硒生姜的加工

富硒生姜不仅可用来鲜食，而且可以用作加工的原料。富硒生姜加工可以提高其经济价值，延长富硒生姜的保存和供应时间，同时可以改进富硒生姜的品质，增加风味。现将富硒生姜加工制品及简易加工技术做如下介绍。

1. 盐渍加工

（1）咸姜

选用鲜姜洗净去皮，冲洗晾干后进行盐渍。每 100 kg 鲜姜加食盐 30 kg，倒入缸内分层撒放，每天倒缸 1～2 次，腌制 6～8 天后，每天倒缸一次再腌制 1 个月即可封缸储存。咸姜成品具有鲜黄、脆嫩、清香等特点（图 5 - 25）。

图 5 - 25　咸姜

（2）腌姜芽

选用肥胖鲜嫩、辣味淡、姜汁多的伏姜，洗净去皮，每 100 kg 姜用 20 波美度的盐水 36 kg 浸泡 3～4 天后取出，换用 21～22 波美度盐水再泡 5～6 天，捞起放入另一缸内层层压紧灌入 21～22 波美度的澄清盐卤淹过姜面，其上加盐封缸（每 100 kg 咸坯加盐 2 kg）进行腌制。一般经 10～15 天可腌制完成。

（3）姜辣酱

选鲜嫩肥胖的富硒生姜和金红老熟的鲜辣椒为原料。将富硒生姜洗净、去皮、晾干、切片，在太阳下晒 1～2 天，将生姜片晒至 9 成干。将辣椒去柄洗净、沥干、切碎，磨成辣酱。按每 100 kg 姜片，35 kg 辣酱，25 kg 白酒，28 kg 食盐的比例装入瓷缸内。装缸时按一层姜片，一层辣酱，一层盐的顺序重复进行，一直装到距缸口 10～15 cm 处，再将白酒从缸中慢慢灌下，最后密封缸口，经

25～30 天可腌制完成。

2. 糖渍加工

(1) 白糖姜片

把鲜嫩肥胖的富硒生姜去皮，切成 0.5 cm 厚的薄片放入沸水中煮至半熟（透明状）时取出，放入水中冷却，而后捞出沥干水分装缸，每 100 kg 姜片用白糖 35 kg 分层糖渍 24 h，再将姜片连同糖液一起倒入铜锅中加白糖 30 kg 煮沸浓缩至糖浆可拉成丝时为止（此时糖液浓度达 80% 以上）。捞出姜片后，沥出糖浆，晾干后放入木槽内拌糖 10 kg 左右，筛去多余白糖，姜片便附有一层白色糖衣，即成为白糖姜片（图 5 - 26）。

图 5 - 26　白糖姜片

(2) 红姜片

将富硒生姜洗净、去皮、切片，在水中漂洗，捞出晾干进行糖煮，当姜片鲜黄透明后捞出冷却，按一层姜片一层白糖的顺序放入缸内，每 100 kg 姜片加盐 5～8 kg，经 30 min 左右，部分糖与食盐溶化，渗入姜片组织内，后经低温处理，使姜片上凝粘白砂糖。每 100 kg 姜片用胭脂红 35 g 染色拌匀，经 25 天左右即成。

(3) 糖制加工五味姜

选成熟鲜嫩富硒生姜，去皮洗净沥干水分后，按 100 kg 生姜加盐 25 kg 的比例入缸盐渍 10～15 天（每 5 天翻动一次）。选晴天捞出晒至一层盐霜时，置于木板上，用木槌将生姜槌扁。每 100 kg 生姜用糖精 150 g，柠檬酸 200 g，粉盐 5 kg 拌匀，入缸浸 1～2 天，第 2 天将姜翻动 1 次，捞出晒至姜上现盐霜即成。

3. 酱制加工

将盐渍的成品咸姜切成 0.5 cm 左右的薄片入缸浸泡 2～3 h（每天 30 min 翻拌 1 次），沥干水后用酱油（每 100 kg 生姜片用酱油 60 kg）酱制 3～4 天之后取出，淋卤 3～4 h，再将酱过的姜片按每 100 kg 加稀甜酱 115～120 kg 的比例入缸进行复酱，10～15 天即成。

4. 干制

(1) 富硒干姜片

选用完好无损的富硒鲜姜，洗净去皮，冲洗干净，晾干水气，切成约 0.5 cm 厚的姜片。然后按 100 kg 鲜姜片加盐 3～5 kg 的比例，分层腌制 3～5 天，待食盐深化渗透后晒干即成姜片，装入食用塑料袋密封，可保存 2 年（图 5 - 27）。

图 5 - 27　富硒干姜片

(2) 调味姜粉

将富硒鲜姜洗净后，切成薄片，烘干或晒干。一般每 100 kg 鲜姜出干姜 12～13 kg。用粉碎机加工成粉末状，最后加入 1% 天然胡萝卜素、1% 的谷氨酸钠及 6% 的白糖粉，拌匀即可。

(3) 富硒姜粉

将洗好的富硒鲜姜洗净去皮，切成 0.1～0.2 cm 的小块，置阳光下晒干，再磨成细粉即成，而后装入容器密封。为使姜粉长期储存，研磨时加入 15%～18% 的食盐。

（二）富硒生姜的运输

富硒生姜包装材料及运输工具都应消毒，保持卫生及无化学药剂污染；运输时轻装、轻卸、严防机械损伤；运输中要注意防冻、防晒、防雨淋和通风换气。

内包装必须符合富硒食品包装要求，运输过程中富硒生姜的包装袋必须印有有机产品条形码、富硒食品标志、表明富硒生姜产地的批号或标记。运输时必须悬挂标签，标签以批号的不同标明富硒生姜的生产基地、生产区，并有详细的运输记录。

第三节　富硒山药高效栽培技术

一、富硒山药的种植概念

山药又称淮山药、山薯、薯蓣等，原产于亚热带地区。山药为多年生缠绕藤本植物，茎蔓生细长右旋，茎蔓长达 3 m 以上；叶片心脏形或箭头形，叶对生或 3 叶轮生；叶腋间常生 1～3 个珠芽，称为气生块茎，可繁殖和食用；地下肉质块茎分为 3 类，即棍棒状、掌状和块状，表皮粗糙呈淡黄褐色或黑褐色，块茎表面生长许多细须根，在春季块茎上长出不定芽，块茎肉质白色或淡紫色。山药在我国南北各地均有栽培，主要食用地下肉质块茎。

富硒山药为补中益气药，具有补益脾胃的作用，特别适合脾胃虚弱者进补前食用。富硒山药还是瘦身的好帮手，其有健脾益气的作用，有利于脾胃消化吸收，是一味平补脾胃的药食两用之品。富硒山药中所含尿囊素有助于胃黏膜的修复；含有的黏液质具有润滑、滋润作用，故可益肺气、养肺阴，治疗肺虚和久咳之症；含有的黏液蛋白具有降低血糖的作用。

富硒山药营养丰富，菜药兼用，富含淀粉及蛋白质，同时含有维生素、葡萄糖、氨基酸、胆汁碱及尿囊素等，具有帮助消化、滋肾益精、益肺止咳、抗肝昏迷、降低血糖、益寿延年等功能，生产效益高，深受生产者和消费者青睐（图 5 - 28）。

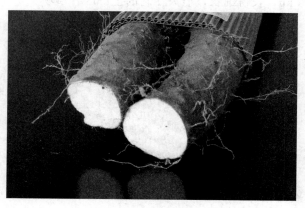

图 5 - 28　富硒山药

二、富硒山药的种类

山药从肉质上，可分为水山药和绵山药两大类；从外形上，可分为长山药、扁山药、圆山药三种。长山药是比较常见的，如麻山药、大和长芋、铁棍山药、水山药等圆柱形品种。下面我们介绍一些常见的山药品种特性及市场适应性，仅供参考。

（一）铁棍山药

铁棍山药是品质最好的长山药，但是这个品种产量特别低，亩产 1000 多 kg，山药长得细长（图 5-29）。

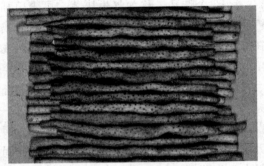

图 5-29　铁棍山药

（二）细毛山药

细毛山药是山东济宁地区的一个地方性品种。这个品种的品质也很好，亩产山药 1000～1500 kg，长得细长，但只在它的主产区有市场。

图 5-30　细毛山药

(三) 河北麻山药

麻山药在河北的种植面积很大,外形比铁棍山药、细毛山药要粗,一般亩产2000 kg左右,根毛比较密,表皮不光滑,吃起来口感带一点点麻,但很面。在我国大部分地区都有出售,但因外形难看所以价格不高(图5-31)。

图5-31 河北麻山药

(四) 大和长芋

大和长芋是日本品种,亩产比较高,一般可达2500～3000 kg,高产地块亩产可达4000 kg,甚至更高。大和长芋外形比上述三个品种粗,根毛比较粗,吃起来也面,但不如上述三个品种抗病性强,田间管理要注意防病。这个品种外观漂亮,售价较高。大和长芋是我国山药出口的主要品种之一(图5-32)。

图5-32 大和长芋

(五) 水山药

水山药盛产于江苏北部,名字有叫"水山药"的,也有叫"华籽山药"的,近年来又出现一个水山药的新品种叫"九斤黄"。水山药有几个共同点：

1. 产量高

亩产基本都在 10000 kg 以上。

2. 不结山药豆

水山药都不结豆，主要是用山药块茎繁殖。

3. 含水量高

水山药的含水量超过 86%，炒食或生食比较脆。正因为水山药含水量高又不长山药豆，所以山药的个体都比较大，外观比较好。

4. 含淀粉量少

因水山药含淀粉量少，炖或煮食时口感不好，炒着吃或拌着吃时比较脆，只在南方的一些大城市有一定的市场。

水山药很不抗病，在田间管理中要注意防病。水山药适合在砂土地中以单沟不灌沟的方式种植。种植时要注意防止雨水塌沟，下雨时要及时排水，田间不能有积水，浇水时更要注意防塌沟。山药的细胞结合不紧密，水分高不好储藏，如果不是有可靠的市场不宜大量种植（图 5 - 33）。

图 5 - 33　水山药

（六）大久保德利 2 号

大久保德利 2 号是日本品种，这个品种的外观是扁形的，如同扇面，与人们传统观念中的山药相比，让人感觉有点畸形（图 5 - 34）。它的含水量比长山药少，淀粉、蛋白质和黏液汁的含量均比长山药高，煮炖吃起来又绵又面，口感好。这种山药种植时不用深挖沟，收获时也很省工。大久保德利 2 号山药目前主要用来进行深加工出口。它的适应性很好，在我国适合种长山药的地区都可以种植，且此品种抗病性很好。从种植者的角度来看，这个品种产量高，用工少，易于管理，适合大面积种植。在我国市场上目前还没有这个品种出售，但其储存性及肉质口感都是极其突出的，消费者很容易接受，是一个值得大力推广的品种。

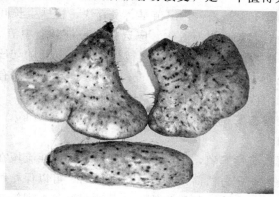

图 5 - 34 大久保德利 2 号

三、富硒山药的环境选择

富硒山药要选择远离"工业三废"污染的地块，其环境条件应符合富硒食品产地环境技术条件的要求。生产场地应清洁卫生，地势平坦，排灌方便，土质疏松、肥沃，土层深厚，富含有机质，地下水洁净、充足。

四、富硒山药的种植过程

（一）选种

选择丰收、抗病、形状和表皮特征优良的长柱形山药品种，其块茎长度在 1 m 以上。要求其种块色泽鲜艳，顶芽饱满，块茎粗壮，瘤稀，根少，无病虫害，不腐烂，未受冻，重 150 g 左右。用山药种子播种，要求其直径在 3 cm 以上，长度为 15～20 cm。

（二）整地施肥

山药生长期长，茎根入土深，需肥量大。应选择土层深厚，疏松肥沃，地势干燥，排水良好的地方种植。如挖沟种植，播种 15 天前按行距 0.9～1 m 用挖沟机挖开 1 m 深沟种植。按国家标准的要求施基肥，每亩施腐熟有机肥 2000 kg，用机械开沟前撒施于开沟垄面。

（三）培育壮苗

富硒山药一般在 3 月下旬至 4 月上旬种植。繁殖方法有种薯切块繁殖和零余子繁殖。

1. 种薯切块繁殖

该种繁殖方法属于无性繁殖，出苗早，发育快，植株生长旺盛，但繁殖系数低，连续繁殖几年后，繁殖能力退化。应选择生长健壮、中等大小的块茎做种。长形种的薯块各部位均能产生不定芽，可按 10～15 cm 长的切段繁殖。块状种一般只顶端有芽，应切成 5 cm×5 cm×2 cm 的小块，每块上都有顶芽。把切好的薯块与草木灰混匀，放在太阳下晒 1～2 h，然后在室内放 2～3 天待切面愈合，以防止腐烂并促使整齐发芽。每公顷需用种薯 1500～2000 kg。

2. 零余子繁殖

零余子繁殖属于有性繁殖，华南地区应用较多，长江流域在种薯不足时可以采用此种方法。此种繁殖方法简便易行，用种节约，可以保持种性不变，但在温度低时，产薯时间较长。将上年采收的零余子沙藏过冬，到第二年春季播种于苗床内，株行距 10 cm 见方，夏季成苗，秋季形成种薯。

（四）适时移栽

富硒山药春季栽培，当幼苗长到 30 cm 时即可移栽。选择生长健壮、无病虫危害的幼苗栽植。山药前期生长缓慢，可与茄果类蔬菜、菜豆、萝卜、菠菜、甜瓜、玉米等作物进行套作。一般行株距为 60 cm×25 cm 左右，每公顷栽 52500～67500 株。富硒山药进行挖沟栽植时，沟宽 30 cm，深 20 cm，将 20 cm 深的熟土放在沟两边，然后继续下挖 30～40 cm，土壤翻松整碎。如果未施基肥，此时施基肥最佳，每公顷施腐熟有机肥 30000～45000 kg，碳铵 450 kg，硫酸钾 375 kg，翻松整细土壤，使土肥充分混匀，再将熟土放入沟内，整成宽 30～35 cm，高 20 cm 的垄，然后把山药苗定植在垄上，并浇定根水。

（五）搭架整枝

出苗后及时搭架，以利于山药苗攀缘生长。为使山药蔓及早上架，以利于通风透光，应留一主蔓，去掉部分侧枝，生长中后期可摘除部分山药豆，以利于山药地下块茎生长。

（六）中耕除草

在富硒山药苗刚爬上架时，将山药地里的草清除一遍同时结合追肥。富硒山药一般不用浇水，干旱年份用地下水喷灌。

（七）收获

霜降落叶后即可收获。产品要求外形圆直，无畸形根，无开裂，无机械损伤，无污染，无病虫害疤痕（图 5 - 35）。

图 5 - 35 挖山药

五、富硒山药的管理方法

(一) 田间管理

富硒山药土肥水管理要从山药的生物学特性谈起，山药植株地上部分茎叶花果繁茂，茎蔓可长达 2～3 m，有利于光合作用，地下部分根和茎更为特殊，富硒山药生长在地下部分的根状茎供人们食用，其单株产量较大的可达数千克。

富硒山药无论是用栽种或薯段繁殖，都是其侧芽先生根。侧芽又名嘴根，功能是吸收土壤中的水分和养分，向上供应地上部分的茎叶花果，向下供应着生于下端的根状茎（即富硒山药）。嘴根横向延伸一般可达 20 cm，也可以向斜下方延伸，主要根系分布在地下 10～20 cm 处，最深可达 40～50 cm，但比根状茎要浅。富硒山药因品种和土壤条件不同，分布深度有差异，一般在地下 60～80 cm，有的甚至可达 1 m 深。

在扩大富硒山药种植时要注意以下五点。

第一，选择土壤。根据农田地形、位置和前茬作物生产情况做出合理选择。主要注意以下几点：种富硒山药要选土层深厚、疏松肥沃、向阳地形、排水通畅的地块；地下水位要在 1 m 以下，1 m 深土壤剖面中不要出现障碍层（如石砾等）；土壤为中性左右（pH 为 6～8），不要过酸或过碱；耕层土壤质地以轻壤质为佳，但实际生产中，砂壤、轻壤、中壤、重壤都有过种植，不过在整地和管理上要有所区别。

第二，富硒山药栽种前要土壤耕作。耕作时间可以是春耕，也可以是秋耕，目前大部分是春耕。富硒山药的整地包括深松耕和浅挖沟两部分。由于山药根和地中茎有下扎的特性，整地要求深松耕。适当施有机肥，改善土壤物理状况，有利于块茎下扎和生长。

第三，富硒山药定植期要求地面 5 cm 的土壤温度稳定在 10 ℃。对于华北地区一般在 4 月中下旬定值，闽粤地区在 3 月份定值，东北地区一般在 5 月上旬定植。在适宜定植期内越早定值越好，这样有利于根系生长，增加产量。

第四，水分管理。耕种前要察看土壤，如果发现底墒很差，一定要灌一次透水后再开始耕作作业。耕种后重点要保墒和保温，以利于出苗。整个苗期不宜浇水，根据"干长根、湿长苗"原理，苗期控水既可以保温又可以促进根系向下扎。在秧苗进入快速生长期时进行第一次浇水。

第五，施肥管理。富硒山药基肥要施用有机肥，基肥要深施在 20 cm 以下，有机肥应该施得再深一些。

总之，从生物学特性看，富硒山药地上部分叶茎植株长达 2～3 m，负责光合作用，产出可食用的根状茎却埋在土下 50～80 cm 处，而连接二者的部分承担着吸收水分和养分，供应地上地下整个植株需求的繁重任务。富硒山药的亩产量一般高达 2000～3000 kg，其根系不是很发达，而且多分布于 20 cm 浅层土壤中，所以在种植山药的水肥土管理中，特别要注意将深松耕和深施有机肥相结合，以达到养护根系的目的。种后出苗与苗期管理以保温保墒为重，经常观察土壤墒情与苗情，不宜过早灌水，尽量利用耕作措施保苗促根。

（二）科学施硒

富硒山药生产是在山药生长发育过程中进行的，在叶面喷施"粮油型锌硒葆"，山药通过自身的生理生化反应，将无机硒吸入植株体内并转化为人体能吸收利用的有机硒，富集在山药块茎中，达到富硒标准（硒含量不小于 0.01 mg/kg）的山药即称为富硒山药。

施硒前先配制好硒溶液。在 21 g "粮油型锌硒葆"中加卜内特 5 mL 或好湿 1.25 mL，加水 15 kg，充分搅拌均匀。根据施硒面积配制一定数量的硒溶液。在苗高 20～25 cm 未移栽前施硒 1 次，每公顷施硒溶液 225 kg；在现蕾期、开花期、块茎膨大期分别施硒 1 次，每公顷施硒溶液 450 kg。要求叶片正反面均要喷到。

宜在阴天或晴天下午 4 点后施硒，雾点要细，喷施均匀。若施硒后 4 小时之内遇雨，应补施 1 次。宜与卜内特或好湿等有机硅喷雾助剂混用，以增强溶液扩展度和附着力，延长硒溶液在叶面上的滞留时间，提高施硒效果。硒溶液不能与碱性农药、肥料混用。富硒山药采收前 20 天停止施硒。

六、富硒山药的病虫防治

富硒山药抗病性很强，很少得病。富硒山药病虫害也很少，一般常见的有炭疽病及蝼蛄、地老虎等。

防治技术是指坚持预防为主、综合防治的方针，综合运用各种防治措施，创造不利于病虫害滋生、有利于各类害虫天敌繁衍的环境条件。主要措施有频振式杀虫灯、黄色诱虫板、及时摘除病叶。植株伸蔓后每隔7天喷一次葱蒜混合液或大蒜浸出液，以预防各种病虫害发生。

（1）深翻土地。冬前深翻土地25～30 cm，把越冬的成虫、幼虫翻至地表，使其冻死、晒死或被天敌捕食（图5-36）。

图5-36 深翻土地

（2）施腐熟的有机肥。充分腐熟的有机肥能改变土壤的通气、透水性能，使作物健壮生长，增强抗病、抗虫性。轮作换茬也是防病、防虫的有力措施，一般3～4年轮作一次较好。

七、富硒山药的肥料选择

富硒山药从播种到发棵都可铺施有机肥。铺施数量不限，可适量多施。有机肥在施到田间之前均应经过充分发酵、腐熟，否则容易传播病虫害，同时未腐熟的有机肥施到田间后再进行发酵，容易伤害根系，特别是块茎尖端的组织较柔嫩，碰到粪块会被烧坏，影响茎端分生组织的垂直伸展。施用有机肥时也需考虑土壤性质问题，马粪、羊粪等比较粗松，有机质含量多，易发酵分解，这种肥料宜施于低温或黏性土壤中。牛粪、猪粪等有机质含量少，组织细密，水分多，发酵分解慢，效力也迟缓，宜施于砂质或砂壤质土壤中。这样施肥既可发挥肥效，又可改善土壤质地。

铺施有机肥不仅可持续为富硒山药提供营养，而且有降低土温，保持墒情，保持土壤透气，防除杂草之功效。切忌在山药沟内边填土边施有机肥。

在沤制发酵有机肥的同时，掺入磷肥，一般每亩用过磷酸钙 50～60 kg。

铺施有机肥应特别注意不要有粪块，必须把有机肥捣碎砸细，以防块茎尖端碰到粪块，引起分杈甚至脱水坏死。

富硒山药生长前期施有机氮肥，以利于茎叶生长，一般在苗出齐或移植成活后施一次稀粪尿，以后每隔 20～30 天施一次 50％的人粪尿，或追速效氮肥。发棵期追 1～2 次肥，每次每亩施 15 kg 有机氮肥。植株现蕾时应重施肥 1 次，可用较浓的人粪尿适当加饼肥，或每亩追氮、磷、钾复合肥 40～50 kg，以保证块茎伸长与膨大时有充足的营养。9 月上旬应再施一次肥，9 月中旬以后不再施肥（图 5 - 37）。

图 5 - 37　有机肥

八、富硒山药的加工与运输

（一）富硒山药加工

1. 山药干

富硒山药采挖时，要保护山药块茎的完整性。块茎运回后应及时加工。先洗净块茎，泡在水中，用竹片或玻璃片刮去外皮，压干水分，再把山药平放在光滑的桌上搓圆，晒干。

2. 山药干片

选择外形圆整、表面光滑、瘤少、无病虫害、无冻伤的富硒山药块茎放在水中浸泡 10～15 min，刷去泥土等杂质，用清水冲洗 2～3 次，轻轻刨去山药表层，切成厚度为 3～4 mm 的薄片。将山药片一块块铺在烘筛上，经干制机在 45 ℃下干燥 7～8 h。应注意，山药片暴露在空气中较长时间会吸湿回潮，此时应放入干制机中再次干燥（图 5 - 38）。

图 5 - 38　山药干片

3. 山药粉

将洗净去表皮的富硒山药或加工山药干片所遗留的不合规格的残片，送入磨浆机内磨浆。将磨细的浆粉分别用 80 目粗筛和 100 目粗筛筛两次，筛下物送入离心机，再将沉淀粉放入烘干机，在 40～50 ℃下烘干，至水分含量达到 10％左右即可。

（二）富硒山药运输方法

富硒山药含有较多的黏液和淀粉，受潮易变软发黏，2 个星期左右就会发霉，皮色变黄，并易生虫。因此，在运输过程中应防止湿气侵入富硒山药。运输时宜用木箱包装，箱内用牛皮纸铺垫，箱角衬以刨花或木丝，然后将富硒山药排列整齐装入，上面同样盖纸，钉箱密封，置于通风、凉爽、干燥处，箱底应稍垫高，以利于运输时通风透气。

第四节　富硒莲藕高效栽培技术

一、富硒莲藕的种植概念

莲藕属于睡莲科植物，莲的根茎肥大，有节，中间有一些管状小孔，折断后有丝相连。藕微甜而脆，可生食也可做菜，而且药用价值相当高，它的根叶、花须、果实无不为宝，都可滋补入药。用藕制成粉，能消食止泻，开胃清热，滋补养性，预防内出血，是妇孺童妪、体弱多病者上好的流质食品和滋补佳珍，在清朝咸丰年间被钦定为御膳贡品。

藕含有淀粉、蛋白质、天门冬素、维生素 C 以及氧化酶等成分，含糖量也很高。生吃鲜藕能清热解毒，解渴止呕，如将鲜藕压榨取汁，其功效更甚；煮熟的藕性味甘温，能健脾开胃，益血补心。

随着人们生活水平的不断提高，对食品质量安全、营养价值越来越重视，富硒莲藕广受消费者喜爱，销量越来越大，富硒莲藕的价格也不断上涨（图 5 - 39）。每亩莲藕产量可达 1000～1500 kg、产值 8000～12000 元。富硒优质莲藕的产量和价值更高，产量可以达到 1500～2000 kg，产值可以达到 10000～20000 元。富硒莲藕优质种植在土壤条件、品种选择、种植技术、大田管理、轮作等方面都有相应的技术要求。

图 5 - 39　富硒莲藕

二、富硒莲藕的种类

（一）泰国花奇莲

泰国花奇莲是国内目前最高产的一种稀有莲藕，它的花、叶、莲藕非常独特而且产量巨高，因此得名花奇莲。花奇莲要比普通莲花大而艳，观赏价值高，莲叶要比普通莲叶大近 2 倍，叶面直径 80～100 cm，莲茎粗大强壮，亩产 7000～9000 kg。泰国花奇莲藕身特大，洁白，主藕 4～6 节，长约 1.5～2.3 m，口感清脆、微甜、无渣、不涩，似水果味，淀粉含量高（图 5 - 40）。

图 5 - 40　泰国花奇莲

（二）南斯拉夫雪莲

南斯拉夫雪莲是从南斯拉夫引进的品种，经过改良而成，藕身洁白，粗壮肥大，主藕 4～6 节，长约 1.5～2 m，生食清脆，淀粉含量高，味甜，入口无渣，口感独特，亩产 6000～7500 kg（图 5 - 41）。

图 5 - 41　南斯拉夫雪莲

（三）太空莲 3 号

太空莲 3 号是江西省广昌县白莲科学研究所通过卫星搭载和太空诱变培育的新品种。株高 72～129 cm，叶径 35～60 cm，叶色深绿，叶柄紫红色。花蕾卵形，花单瓣型，花径 25～30 cm，花瓣 14～17 枚，粉红色，瓣脉明显。雄蕊 330～450 枚，附属物较大，乳白色。花托倒圆锥形，心皮 18～35 枚。成熟莲蓬扁圆形，莲面平或凸，直径 13～18 cm，高 4.5～5 cm，结实率为 84.6%～89.7%。莲子卵圆形，品质优，干通心百粒重 106 g，花期 110～112 天，每亩产干通心莲 95～120 kg（图 5-42）。

图 5-42 太空莲 3 号

（四）太空莲 36 号

太空莲 36 号是 1994 年广西籽莲经搭卫星诱变培育而成的。株高 110 cm，叶径 35～40 cm。花梗高 65～130 cm，花单瓣，莲蓬碗形，壳莲椭圆形，单蓬结实 25 粒左右，百粒重 102～106 g，采摘期 105～120 天，每亩可收壳莲 90～120 kg（图 5-43）。

图 5-43 太空莲 36 号

（五）白莲藕

白莲藕是山东微山湖特产，藕身洁白，口感鲜嫩，脆甜清新，主藕 3～4 节，长约 1.2 m，亩产 2000 kg 左右（图 5-44）。

图 5-44 白莲藕

（六）莲藕 3735

莲藕 3735 原产地为湖北，主藕 5～6 节，长约 1.1～1.2 m，梢节粗大，亩产 2500 kg（图 5-45）。

图 5-45 莲藕 3735

（七）鄂莲 4 号

鄂莲 4 号原产地为湖北，主藕 5～7 节，长约 1.2～1.5 m，梢节粗大，亩产 2000～2500 kg（图 5-46）。

图 5-46 鄂莲 4 号

（八）鄂莲 5 号

鄂莲 5 号原产地为湖北，主藕 5～6 节，长约 1.1～1.2 m，梢节粗大，亩产 2500 kg（图 5-47）。

图 5-47 鄂莲 5 号

三、富硒莲藕的环境选择

除了富硒认证规定的环境之外，种植富硒莲藕还要注意以下几点：

（一）莲藕生长的土壤

莲藕在壤土、沙壤土、黏壤土中均能生长，但以富含有机质的腐殖土为宜。对土壤的 pH 要求是 6～8.5。酸性过大、土壤板结不利于莲藕生长。过于疏松的土壤也不利于莲藕生长，因为这种土壤形成的藕节间短，皮肉粗硬，品质差。

（二）富硒莲藕生长的温度

温度对富硒莲藕的生长起着极为重要的作用。春季当气温上升到 15 ℃左右时，富硒莲藕开始萌芽生长，气温在 20～30 ℃时生长旺盛，生长期最适温度为 25～30 ℃。气温超过 35 ℃，营养生长受到影响，气温下降到 15 ℃以下时植株基本停止生长，地温降到 5 ℃以下时，藕便易受到冻害。结藕初期，要求较高的温度，有利于藕身膨大，后期则要求昼夜间的温差较大，有利于养分的积累和藕身的充实。富硒莲藕开花、结实、成熟的时间，常因气温的不同而不同。一般是日平均气温高，所需时间短，反之则延长（图 5 - 48）。

图 5 - 48　万亩藕塘

（三）富硒莲藕生长的水要求

富硒莲藕在生长期间始终离不开水，但不同生态类型对水位的适应性不同。同一生态类型在生长发育的不同阶段对水位的适应性也不同，一般是前期需要浅水，以提高地温促进萌发；中期需要深水，以利生长；后期又需要浅水，以利结藕、结实。平时水不能淹没立叶，否则即使 1～2 天内水退去，也会造成减产，如淹没时间过长，则会使植株死亡。

（四）富硒莲藕生长对光照的要求

富硒莲藕的生长发育要求有充足的光照。前期光照充足利于茎叶的生长，后期光照充足有利于开花、结实和藕身的充实。富硒莲藕对日照长短要求不严格，但一般长日照比较有利于营养生长，短日照比较有利于结藕。

富硒莲藕怕大风，风力超过 15 m/s 会使荷柄和花梗倒伏折断，致使富硒莲藕生长发育受到影响。叶柄或花梗断后如遇大雨或水位上涨，能使水从气道灌入地下茎内，引起地下茎的腐烂，给生产造成损失。因此，在富硒莲藕的种植过程中一定要做好防强风的工作。

四、富硒莲藕的种植过程

（一）坑塘选择与改造

坑塘水质洁净，没有工业污水、生活污水或医疗污水污染，水深不超过 1.5 m，淤泥层深厚、肥沃。过深的坑塘必须加以改造，以充分腐熟的牛粪或者猪粪与大田土按 1：1 的比例混合均匀，做成泥饼，均匀撒入坑塘，使水深不超过 1.5 m。水位适宜的坑塘每亩施腐熟厩肥 5000 kg，鸡粪 200 kg，豆饼 100 kg，掺田土适量，做成泥饼均匀撒入坑塘。每亩坑塘撒生石灰 50 kg，以调节 pH 杀灭病菌。

（二）选用高产品种

应选入泥浅、叶梗粗壮、抗风、商品率高、品质好的中早熟高产品种，如白莲藕、鄂莲 4 号、鄂莲 5 号等。

（三）整地施肥

富硒莲藕忌重茬，选择土层深厚、肥沃，富含有机质，保水能力强，排灌方便，光照较好的黏壤土田块进行栽培。整地时施足底肥，一般亩施腐熟有机肥 5000～6000 kg，充分耕耙，达到泥烂、田平、埂高、肥足，同时撒施 50～80 kg 生石灰进行土壤消毒。

（四）栽植

当气温稳定在 12 ℃以上，土温在 8 ℃以上时要适时早栽。选择带有两节以上充分成熟的新鲜母藕或子藕做种藕，藕身要大、芽要旺、无伤、无病虫。按行距 1.5～1.8 m，株距 1.0～1.2 m 的规格呈梅花状栽植，也可根据种藕大小、芽头多少适当调整密度，一般每亩栽植 400 窝左右，用种 250～300 kg，栽植时按种藕大小分级，每穴 1 莲，藕头入泥深（入泥 10～12 cm），藕把入泥浅（入泥 5 cm），四周边行种藕芽头一律向田内，以防莲藕长出田埂外。

（五）藕田管理

1. 灌水。富硒莲藕在不同的生长时期对水分的需求不同，即浅水促发芽、深水护藕叶、浅水促结藕，所以在栽植的 30 天内，应保持 2～3 cm 深的浅水层，以提高土温，促进萌芽生长；进入旺盛生长期后，逐渐加深水位至 15～20 cm；7～9 月份结藕期，保持 7～8 cm 深的浅水层促进结藕。整个生育期内要防止水位猛涨，淹没立叶，并严防污染水流入田中，造成减产和绝收。

2. 追肥。一般要追肥两次，第一次追肥要在藕出现 3～5 片全叶时，亩施腐熟的粪尿 1500～2000 kg，以促进植株旺盛生长；第二次在后把叶出现前 7～10天，亩施腐熟的粪尿 3000 kg，也可增施腐熟饼肥 100 kg 或草木灰 150 kg。有条件的可在藕叶封田前施入毛苕、甘薯秧等易腐烂的绿肥 3000 kg（图 5 - 49）。

图 5 - 49　藕塘施肥

3. 防病。按照以防为主的植保方针，合理轮作防止病害发生。

发现根腐病要及时拔除病株，并在发病初期每亩用 1000 亿活芽孢/克的枯草芽孢杆菌可湿性粉剂 30 g 兑水 45～50 kg 喷于叶片及叶柄上。对于褐斑病的防治，在发病初期用上述药液喷雾即可。

4. 防虫。蚜虫是富硒莲藕的常见虫害，可每亩用 1% 苦参碱可溶性液剂30～50 g 兑水 30～45 kg 制成的喷雾进行防治。

5. 除草。采用人工拔除的方法。一般在藕叶封田前，结合追肥拔除杂草塞入泥中，同时摘除浮叶、黄叶和枯叶。

6. 适时采挖。富硒莲藕无明显的成熟期，当终止叶叶背微呈红色，基部叶缘开始枯黄时，根据市场行情，及时采挖上市（图 5 - 50）。

图 5 - 50　破冰采藕

五、富硒莲藕的管理方法

（一）藕塘管理

藕塘管理的有关方法如下。

1. 水位调整

富硒莲藕生长期间要注意防止水位猛涨，淹没立叶，造成减产。汛期如果立叶被淹没，应在 8 小时内紧急排水，使莲叶露出水面，以防植株被淹死。如果水位到达立叶叶片下部，也要紧急排水，防治因浮力过大，藕鞭从塘泥中拔出，造成减产。

2. 追肥

追肥在生长期间要进行 2 次，第 1 次在藕出现 2～3 个立叶时进行，以促进植株旺盛生长。第 2 次在开始形成新藕时进行，以促进新藕生长。每次追肥应选无风的晴天进行，每次每亩追施豆饼肥 50 kg。

3. 摘叶摘花

当立叶布满塘面时，浮叶已被遮蔽，阳光不足，同化作用降低，因此浮叶可以摘除，衰老的早生立叶也可摘除。摘除时，叶柄断口处一定要高于水面，防止塘水由叶柄断口灌入诱发腐烂。发生花蕾时，午后将花梗在水面以上部分折断，以免开花结子，消耗养分。

4. 转藕梢

即调整藕鞭的走向。当发现卷叶长近田边 1 m 左右时应及时将其地下藕梢向田内拨转，防止穿越田埂，影响产量。藕梢脆嫩，易折断，宜在中午茎叶柔软时进行，先挖开藕梢内侧的泥，再将梢前端几节一起托起移进内侧，然后盖泥土。一般 2 天转 1 次，共进行 4～5 次。

（二）科学施硒

富硒莲藕是运用生物工程技术原理培育出来的。在莲藕生长发育过程中，叶面喷施"瓜果型锌硒葆"，莲藕经过自身的生理生化反应，将无机硒吸入莲藕植株体内，转化为人体能够吸收利用的有机硒，富集在莲藕地下茎内，经检测，硒含量大于等于 0.01 mg/kg 时即称为富硒莲藕。

在 13 g "瓜果型锌硒葆"中，加好湿 1.25 mL，兑水 15 kg，充分搅拌均匀制成喷施溶液；在莲藕立叶期、开花期、结藕期各喷施 1 次，均匀地喷施到莲藕叶片的正反面，每次每亩喷施硒溶液 30～50 kg。

宜选阴天或晴天下午 4 时后施硒。喷施雾点要细，施硒后 4 小时内如遇雨应补施 1 次。宜与好湿等有机硅喷雾助剂混用，以增强溶液黏度，延长硒溶液在叶片上的滞留时间，提高施硒的效果。硒溶液可与中性、酸性农药或与中性、酸性的肥料混用，但不能与碱性农药或碱性肥料混用。富硒莲藕采收前20天停止施硒。

六、富硒莲藕的病虫防治

（一）防治原则

按照"预防为主，综合防治"的植保方针，从藕田整个生态系统出发，综合运用各种防治措施，创造不利于病虫草等有害生物滋生和有利于其天敌繁衍的环境条件，保持藕田生态系统的平衡和生物的多样性，将有害生物控制在允许的经济阈值下。

（二）主要病虫害

（1）主要病害为腐败病（图5-51）。

图5-51　莲藕腐败病

（2）主要虫害为莲藕食根金花虫（图5-52）。

图5-52　金花虫

（三）防治方法

（1）莲藕腐败病、僵藕可通过选用抗病品种、轮作换茬、合理施肥等措施防止病害发生。

（2）莲藕食根金花虫可通过投放泥鳅、黄鳝幼体控制其危害，泥鳅或黄鳝幼体投放量为每亩 500～800 尾（这是一般的方法，有机农业中轮作的实施，可以很好地预防这种病害的发生）。

七、富硒莲藕的肥料选择

富硒莲藕是以膨大的地下根状茎为主要产品的高效经济作物，又是需肥量较大的作物。一般每亩富硒莲藕大约从土壤中吸收纯氮（N）7.7 kg，纯磷（P_2O_5）3.0 kg，纯钾（K_2O）11.4 kg，莲藕对氮、磷、钾纯养分的吸收比例大致为 2：1：3。

八、富硒莲藕的加工与运输

下面介绍藕粉的制作和运输。

（1）选料。选用含淀粉含量高、组织充实、不腐烂、新鲜的三节富硒莲藕做原料。

（2）清洗。用水洗净泥沙及杂质，去掉藕蒂。

（3）磨浆。把藕用粉碎机粉碎成细浆，越细越好。

（4）洗浆。把藕浆装入布袋内，下接釉缸，用清水往袋内冲洗，边冲边翻动，直到把渣内淀粉冲洗净为止。

（5）漂浆。将冲入釉缸里的藕粉浆用清水漂 1～2 天，每天搅动 1 次。沉淀后，除去上层清液、浮渣及底上泥沙，把中间沉淀的白藕粉取入另一容器内，加清水拌稀，再行沉淀。如此反复 2～3 次，便得洁白湿藕粉。

（6）干燥。把纯净湿藕粉移入布包内吊起沥干水分，掰成小块放在日光下或烘房中，晒干或烘干后再粉碎成面（图 5-53）。

图 5-53 藕粉

（7）包装和运输。先装入衬有塑料袋的袋中，再装箱，贴商标，便可在阴凉、干燥、通风库中储存，等待运售。

第六章　根菜类富硒蔬菜栽培技术

第一节　富硒马铃薯高效栽培技术

一、富硒马铃薯种植概念

马铃薯又名土豆，淀粉含量较多，口感脆质或粉质，营养丰富。在法国，马铃薯被称作"地下苹果"。马铃薯营养丰富，而且易为人体消化吸收，在欧美享有"第二面包"的称号。

富硒马铃薯中的蛋白质比大豆还要好，最接近动物蛋白。富硒马铃薯有减肥、防中风和健脾胃等功效（图6-1）。

图6-1　富硒马铃薯

二、富硒马铃薯的种类

由于马铃薯在亲缘种间进行杂交并不困难，可利用块茎进行无性繁殖，保持遗传的稳定性。因此，马铃薯的品种实际上是杂交种。20世纪以来，由于人们广泛利用野生种与栽培种杂交，培育出来的新品种多属杂交种。富硒马铃薯按皮色可分为白皮、黄皮、红皮和紫皮等品种；按薯块颜色可分为黄肉种和白肉种；按形状可分为圆形、椭圆形、长筒形和卵形等品种；在栽培上，马铃薯常依块茎成熟期分为早熟、中熟和晚熟三种，从出苗至块茎成熟的天数分别为 50～70 天、80～90 天、100 天以上；按块茎休眠期的长短又可分为无休眠期、休眠期短（1个月左右）和休眠期长（3个月以上）三种。20世纪60年代前古老的农家品种因受病毒危害退化严重，逐渐被新引进及新育成的品种所代替。主要优良品种有早熟品种：丰收白、克新 4 号、郑薯 2 号、白头翁等；中熟品种：克新 1 号、米拉、乌盟 601、疫不加等；晚熟品种：沙杂 15 号、克新 3 号、高原 4 号、虎头等。早熟品种主要分布在长江中、下游及华北平原地区，中、晚熟品种主要分布在东北、西北及西南山区（图 6 - 2）。

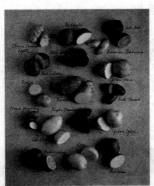

图 6 - 2 不同品种的马铃薯

三、富硒马铃薯的环境选择

(一) 温度

富硒马铃薯生长发育需要较冷凉的气候条件，这是由于马铃薯原产于南美洲安第斯山高山区，平均气温为 5～10 ℃的地区。块茎播种后，地下 10 cm 土层的温度达 7～8 ℃时幼芽即可生长，10～12 ℃时幼芽可苗壮成长并很快出土，播种早的马铃薯出苗后常遇晚霜，气温降至 -0.8 ℃时，幼苗受冷害，降至 -2 ℃时幼苗受冻害，部分茎叶会枯死。但气温回升后，从节部仍能发出新的茎叶。植株生长的最适宜温度为 20～22 ℃，温度达到 32～34 ℃时，茎叶生长缓慢。超过 40 ℃ 完全停止生长。气温在 －1.5 ℃时，茎部受冻害，－3 ℃时，茎叶全部冻死。开花的最适宜温度为 15～17 ℃，低于 5 ℃或高于 38 ℃则不开花。块茎生长发育的最适宜温度为 17～19 ℃，温度低于 2 ℃或高于 29 ℃时停止生长。

（二）水分

富硒马铃薯生长过程中要供给充足水分才能获得高产。马铃薯植株每生产 1 kg 干物质约消耗 708 kg 水。在壤土中种植马铃薯，生产 1 kg 干物质最低需水 666 kg，最高 1068 kg。在沙质土壤中种马铃薯，生产 1 kg 干物质的需水量为 1046～1228 kg。一般亩产 2000 kg 块茎，每亩需水量约为 280 t，相当于生长期间 419 mm 的降水量。

发芽期单凭种薯中的水分就足够满足第一阶段生长需要。但如果土壤中不含易于被根系吸收的水分，则根部伸长、芽短缩，不能出土。因此，发芽期需土壤有足够的底墒，播种后要保持种薯下面土壤湿润，上面土壤干爽，这是保证适时出苗的技术要点。

幼苗期要求适当的土壤湿度，前半期保持适度干旱，后半期保持湿润，原则是不旱不浇。这样做比出苗后始终保持湿润的净光合生产率提高 11%～16%，比长期干旱的净光合生产率提高 45%～50%。

发棵期前期要保持水分充足，水分要占饱和持水量的 80%。结薯后期要控制土壤水分不要过多，浇地要注意排水，或实行高垄栽培，以免后期因土壤水分过多造成闷薯、烂薯。

（三）土壤

富硒马铃薯对土壤的适应范围较广，最适合马铃薯生长的土壤是轻质土壤。因为块茎在轻质土壤中生长，有足够的空气，呼吸作用才能顺利进行。轻质土壤不黏重，较肥沃，透气良好，对块茎和根系生长有利，还有增加淀粉含量的作用。在轻质土壤中种植马铃薯，一般发芽快、出苗整齐，长出的块茎表皮光滑，薯形正常。在黏重的土壤中种植马铃薯，最好采用高垄栽培，这样有利于排水、透气。由于黏重土壤保肥、保水能力强，只要排水通畅，马铃薯产量往往很高。这类土壤的管理要点是中耕、除草和培土。种植采取平作培土，适当深播，不宜浅播垄栽。因为一旦雨水稍大，把沙土冲走，很容易露出块茎和匍匐茎，不但不利于马铃薯生长，反而增加管理上的困难。沙质土中生长的马铃薯块茎整洁，表皮光滑，薯形正常，淀粉含量高，便于收获。

富硒马铃薯喜 pH 为 5.6～6.0 的微酸性土壤，发芽期需土壤疏松透气，土面板结会影响根系发育，推迟出苗时间。第二段和第三段生长过程中，要求土壤"见干见湿"，经常保持土壤疏松透气状态，有利于根系扩展和发棵。如果土壤板结，会引起植株矮化、叶片卷皱和分枝势弱等长相。对于偏碱性土壤，种植富硒马铃薯时要选择抗病品种并施用酸性肥料。因为在偏碱性土壤中，放线菌活跃，富硒马铃薯易感染疮痂病。

图 6 - 3　马铃薯田

四、富硒马铃薯的种植过程

（一）选用良种

选用良种是富硒马铃薯高产栽培的一个重要环节。

（二）切块催芽

播种前 20 天，约 3 月初开始催芽。富硒马铃薯种切块时，每个种块至少有一个芽眼。每斤有 10～15 个种块为宜。将切好的种块用高锰酸钾兑水浸种进行杀菌消毒。待种块晾干后即开始苗床催芽。催苗方式有两种：一是在室温 15 ℃以上的屋内用沙催芽，一层沙一层种块；二是在室外的通风朝阳处东西方向挖坑催芽，坑深 25 cm 左右，一层沙一层种块，3 层为宜，然后加拱棚薄膜覆盖，夜间加盖草帘保温。以上两种方式在催芽期间要洒水 1～2 次，防止落干。当芽长到长 0.5～1.0 cm 时，开始播种。

（三）选地整地

下种前看土地墒情，若墒情不好，可考虑灌沟造墒，造墒期宜在下种前 7～10 天。富硒马铃薯种植一般为双沟定植，开沟时可采用大行 50 cm，小行 40

cm 的尺寸。富硒马铃薯茎的膨大需要疏松肥沃的土壤。因此，种植富硒马铃薯的地块最好选择地势平坦，有灌溉条件且排水良好、耕层深厚、疏松的沙壤土。前作收获后，要进行深耕细耙，然后做畦。畦的宽窄和高低要视地势、土壤、水分而定。地势高、排水良好的可做宽畦，地势低、排水不良的则要做窄畦或高畦。

（四）播种盖膜

春分至清明为最佳播种时期，应特别注意的是，脱毒富硒马铃薯可早播，春分前播完，株距可控制在 20 cm。有机肥可直接撒入沟内或整地时撒入。播种时，种块置入沟内的方法有两种：一是种芽朝下，此法长出的富硒马铃薯根长苗壮，富硒马铃薯少但块太，苗晚 2～3 天；另一种方法是种芽朝上，此法长出的富硒马铃薯根相对较短，富硒马铃薯块小但多，苗早 2～3 天。下种结束后从大行两边取土将富硒马铃薯沟及小行的空间盖好耧平，加微膜盖严压实。

（五）出苗放风及苗期管理

播种后 20 天左右如有苗露土，此时在可冲苗处将微膜抠破放风，以防蒸苗。待苗长到 10 cm 高时，将苗周围的膜用土压严，以保水压草。富硒马铃薯生长的前期不宜浇水，待见花后再浇。若天旱无雨，可每隔 10 天浇水一次，一般浇 2～3 次水即可成熟，收获前 10 天停止浇水。苗期要防蚜虫或蓟马等虫害。

（六）科学施硒

鉴于马铃薯对人体健康的作用及在农业中的地位，我们利用硒肥进行富硒马铃薯栽培试验是十分必要的。苗花期，将"富硒叶面肥"兑水 50 kg 进行喷施。其含硒量可从 0.0078 mg/kg 升高到 0.01～0.1 mg/kg。

五、富硒马铃薯的病虫防治

（一）主要病害

1. 马铃薯晚疫病

马铃薯晚疫病是富硒马铃薯种植中主要的真菌性病害，在我国富硒马铃薯产地均有发生，西南地区较为严重，东北、华北与西北多雨潮湿的年份危害也较重。

（1）主要症状

马铃薯晚疫病主要为害叶片、茎和块茎（图 6 - 4）。

图 6 - 4　马铃薯晚疫病

（2）防治方法

选用抗病品种、减轻晚疫病的威胁。可采取减少菌源、无病留种、增高培土的方法，还需注意排水，防止病菌随雨水渗入，侵染新薯。

2．马铃薯粉痂病

（1）主要症状

主要为害块茎及根部，有时茎叶也染病。块茎染病时，初在表皮上出现针头大的褐色小斑，严重影响富硒马铃薯的品质。

（2）防治方法

① 选用无病种薯，实行留种地生产种薯。

② 实行轮作，发生粉痂病的地块 5 年后才能再次种植富硒马铃薯。

③ 实行检疫制度，不从疫区调种。

3．马铃薯早疫病

（1）主要症状

马铃薯早疫病从苗期到成株期都可能发生，主要为害叶、叶柄和块茎。受害时，叶片生黑褐色、近圆形、具明显同心轮纹的坏死病斑，严重时病叶变褐枯死。叶柄和茎秆受害时，多发生于分枝处，病斑长圆形，黑褐色，有轮纹。薯块发病时，表皮生近圆形暗褐色病斑，潮湿时病斑上生黑色霉层（图 6 - 5）。

图 6 - 5　马铃薯早疫病

（2）防治方法

① 播种时剔除病薯。

② 加强栽培管理，施足有机底肥，增施磷钾肥，及时消除病残体并集中烧毁。

4．马铃薯枯萎病

马铃薯枯萎病是一种常见的病害，分布广泛，全国各个种植区均有发生。

（1）主要症状

表现为地上部分出现萎蔫，剖开病茎，薯块维管束变成褐色，湿度大时，病部常产生白色或粉红色菌丝。

（2）防治方法

① 轮作。提倡与禾本科作物或者绿肥等进行 4 年轮作。

② 加强田间管理，选择健康薯种，施用腐熟有机肥，加强肥水管理可以减轻发病。

5．马铃薯白绢病

（1）主要症状

薯块上密生白色丝状菌丝，并有棕褐色圆形菜籽状小菌核，切开病薯，皮下组织变成褐色，主要为害块茎。

（2）防治方法

① 发病重的地块应与禾本科作物轮作，有条件的可以进行水旱轮作。

② 深翻土地，把病菌翻到土壤下层，可以减小该病的发生的概率。

③ 在菌核形成前，拔除病株，病穴撒石灰消毒。

6．马铃薯疮痂病

（1）主要症状

块茎表面出现近圆形至不定型木栓化疮痂状淡褐色病斑或斑块，手摸时质感粗糙。疮痂病的病斑虽然仅限于马铃薯表皮，但被害薯块质量和产量还是会受到影响，而且不耐储藏。病薯外观不好看，导致商品品级下降，会带来一定的经济损失（图 6-6）。

图 6-6　马铃薯疮痂病

（2）防治方法

① 选用抗病品种。

② 从病田中严格挑选种薯，催芽前进行块选，催芽后仍要进行严格挑选。

③ 重病田实行轮作，最好是水旱轮作。

7. 马铃薯环腐病

（1）主要症状

马铃薯环腐病，俗称转圈烂、黄眼圈。病薯薯皮颜色稍暗，切开病薯后可以看到环状的维管束部分变为有光亮的乳黄色腐烂，用手挤压后可以从腐烂环里挤出黏稠的乳黄色菌液。

（2）防治方法

① 建立种薯田。利用脱毒苗生产无病种薯和小型种薯。实行整薯播种，不用切块播种。

② 播种前淘汰病薯。出窖、催芽、切块过程中发现病薯及时消除。切块的切刀用酒精或者高温消毒，杜绝种薯带病是最有效的防治方法。

③ 选用抗病品种。克新 1 号、克疫、乌盟 601、高原 4 号等对环腐病都有较好的抗性。

④ 严禁从病区调种，防止病害扩大蔓延。

（二）主要虫害

1. 块茎蛾

（1）主要症状

块茎蛾的幼虫潜入叶内，沿叶脉蛀食叶肉，余留上下表皮，呈半透明状，严重时嫩茎、叶芽也被害枯死，幼苗可全株死亡。田间或储藏期，块茎蛾可钻蛀富硒马铃薯块茎，蛀后的富硒马铃薯呈蜂窝状甚至全部被蛀空，外表皱缩，并引起腐烂（图 6 - 7）。

图 6 - 7 块茎蛾

（2）防治方法

及时培土。在田间勿让薯块露出表土，以免被成虫产卵。

2. 二十八星瓢虫

（1）主要症状

成虫、幼虫取食叶片、果实和嫩茎时，被害叶片仅留叶脉及上表皮，形成许多不规则透明的凹纹，后变为褐色斑痕，斑痕过多会导致叶片枯萎；被害果实则被啃食成许多凹纹，逐渐变硬，并有苦味，失去商品价值（图6-8）。

图6-8　二十八星瓢虫

（2）防治方法

① 人工捕捉成虫，利用成虫假死习性，用薄膜承接并叩打植株使之坠落，收集灭之。

② 人工摘除卵块，此虫产卵集中成群，颜色鲜艳，极易被发现，易于摘除。

③ 药剂防治，要抓住幼虫分散前的有利时机。防治二十八星瓢虫可用0.13％印楝素400～800倍液，药后7天的防效达81.20％以上。在生产上防治时，幼虫建议使用600～800倍液，成虫建议使用400～600倍液。

六、富硒马铃薯的肥料选择

庄稼一枝花，全靠肥当家。要想富硒马铃薯长得好，必须科学施肥。有条件的农户翻耕土地时，一亩可撒铺2500～5000 kg土杂肥。富硒马铃薯在整个生育期施肥应掌握"攻前、保中、控尾"原则，当幼苗出土80％时重施一次速效提苗肥，在富硒马铃薯苗期开始时喷施"地果壮蒂灵"，使地下果营养运输导管变粗，提高地果膨大活力，还能使果面光滑，果型健壮，实现优质高产。在施用农家肥的同时，要适当施用含有有机氮、有机磷、有机钾的有机化肥。富硒马铃薯对钾需要量大，科学合理的有机氮、有机磷、有机钾投肥比例是1.85：1：2.1。

七、富硒马铃薯的加工与运输

富硒马铃薯收获后需要处理的相关内容如下。

1. 富硒马铃薯运送

富硒马铃薯收获后，用汽车直接运送到富硒马铃薯加工场地。车辆清洗干净，装车时注意轻装，卸车轻放，同一块地的富硒马铃薯在同一加工厂加工。

2. 原料检验

由质检科对原料进行检验和验证。对每个植基地选 10 户为一组进行抽样检测，若产品检测不合格，则该组产品判为不合格，该基地产品全部视为不合格，并按照合同规定追究相关责任。若农户对产品检测有疑义，则报请上级权威检测部门进行检测。

3. 不合格原料的处理方法

经检测达不到富硒食品标准的马铃薯，按退货处理，不得加贴富硒商品标识，农户按普通产品自行处理或按合同规定处理。

4. 合格原料的保存

经抽样检测合格的马铃薯，按基地标号单独包装，单独存放并加上标识，做到可从产品标识能直接追溯到生产地块。入库时填写"原料入库单"，按生产基地进入专用仓库储存。运输过程中严格做到单车单运富硒产品，不与其他非富硒食品混装、混运。运输的车辆做到卫生、安全，防止发生二次污染，产品入库填写"成品入库单"，标明生产日期、数量、质量检验、批号情况等。

5. 原料初加工程序

（1）收购。根据合同订单收购基地产品，按上面所述程序运送。

（2）挑选、分级。按富硒马铃薯 200 克/个以上为一级、150～200 克/个的为二级、100～150 克/个的为三级的分级标准分好等级，将产品分别用专用包装装好，并贴好标签（图 6-9）。

图 6-9　马铃薯分拣

（3）装袋。包装物为专用纸箱、网（保鲜）袋。包装前认真填写品名、规格、净重、产地、检验员、日期、收货人、批号。

（4）入库。参照合格原料保存。

6. 产品批次的管理

富硒马铃薯收获、包装、储存、按基地单收、单装、单存。

（1）原料收储。原料收储专用包装箱（袋）标签填写：品名、规格、净重、产地、检验员、日期、收货人、批号。

（2）原料入库。原料入库前填写"原料入库单"，填写：品名、规格、数量、产地、检验员、日期、收货人、送货人、批号。

（3）原料出库。出库时凭出库单出库，并记录原料出库日期、数量、领货人、发货人、原料批号等。

（4）原料加工。加工时填写生产记录，认真记录品名、生产日期、数量、生产负责人、检验员、原料批号等。

（5）加工环节监控措施。加工过程中的重点工序实行连续监控，发现不合格及时处置。应设置"不合格返工记录""重点工序记录""检验记录"。

第二节　富硒胡萝卜高效栽培技术

一、富硒胡萝卜的种植概念

胡萝卜是伞形科 2 年生草本植物，别名红萝卜等。因其肉质根含有丰富的类胡萝卜素、可溶性糖、淀粉、纤维素、多种维生素以及多种矿质元素，素有"小人参"之称。不同胡萝卜品种含有的 β-胡萝卜素差异较大，橘红色类型胡萝卜中β-胡萝卜素含量较高，可达到 50～170 mg/kg，而白色、黄色、紫色等类型含量极少。β-胡萝卜素是维生素 A 的来源，水解后形成维生素 A。维生素 A 是人体不可缺少的一种维生素，可促进生长发育，维持正常视觉，既可防治夜盲症、干眼病、上呼吸道疾病，又能保证上皮组织细胞的健康，防治多种类型上皮肿瘤的发生和发展。其他类型的胡萝卜素和类胡萝卜素作为天然的有机大分子，可以清除血液及肠道的氧自由基，达到排毒、防癌、防治心血管疾病的功效。

胡萝卜是一种质脆味美、营养丰富、具有保健功能的家常蔬菜。通过胡萝卜的富硒栽培提升胡萝卜的硒含量，可以满足人体对硒的需要量（图 6 - 10）。

图 6 - 10 富硒胡萝卜

二、富硒胡萝卜的种类

社会的发展越来越快,富硒胡萝卜的品种也越来越多。种植富硒胡萝卜也就需要我们根据自身的经济情况、种植习惯来选择适宜的品种。富硒胡萝卜的品种有很多,现在简单介绍以下几种。

(一) 助农七寸

助农七寸的生育期为 120～180 天,最佳播种时间在 9 月上旬至 10 月下旬。该品种中早熟,耐热耐寒,长势强健,耐旱耐湿,极抗病,容易栽培管理,在不良的环境下能正常生长。根型呈圆柱形,肉、芯、皮呈深红色,表色光滑,有光泽,根长 23～25 cm,直径约 5 cm。播种后 110～150 天可采收,单根重约 300～400 g,根型美,商品性佳,成品率高,品质优,肉质较韧,耐运输,适合加工和冷冻出口。助农七寸是产量高、外观好、品质优的新品种(图6 - 11)。

图 6 - 11 助农七寸

（二）助农大根

助农大根的生育期为120～180天，最佳播种时间为9月下旬至11月下旬。助农大根属中晚熟品种，耐热耐寒，耐旱耐湿，生长快速，在不良的气候环境下能正常生长。叶子直立矮小，根部肥大且芯小，根长约22～25 cm，直径约5 cm，形状丰满，皮色鲜红，光滑美观，不易裂根。播种后120～160天可收获，单根重300～500 g，助农大根是适宜储藏、储运、加工出口及市场出售的优秀品种（图6-12）。

图6-12　助农大根

（三）因卡

从美国引进的中晚熟品种，生育期为150天左右。植株叶丛较直立，叶片绿色，2～3回羽状复叶，叶长35～40 cm，叶柄浅绿色，有茸毛。肉质根部直径表皮、果心、果肉呈深红色，肉质细嫩、味甘甜。商品性好，耐储运，适宜加工出口。因卡适宜在闽南地区疏松壤土中种植（图6-13）。

图6-13　因卡

（四）坂田七寸

从日本引进的中晚熟品种，生育期为135～160天，植株叶丛直立，株高40 cm左右，叶片绿色，2～3回羽状复叶。叶柄浅绿色，茸毛少，长20 cm左右，肉质根整齐一致，表皮光滑鲜红，近圆柱形，长23～26 cm，肉质根头部直径5 cm左右，心、肉深红，髓部2 cm左右，无黄色髓心条纹。平均单根重350 g左右，商品性好，成品率高，品质优，纤维少，肉质细嫩，韧性好，味甜，耐储运，适宜加工出口（图6-14）。

图6-14 坂田七寸

三、富硒胡萝卜的环境选择

所选择的富硒生产基地应是完整的地块，其间不能夹有常规生产的地块，但允许存在有机转换地块，富硒胡萝卜生产基地与常规地块交界处必须有明显标记，如河流、山丘、人为设置的隔离带等。

由常规生产转向富硒生产通常需经过2年的转换时间，其后播种的蔬菜收获后才可作为富硒产品出售；转换期的开始时间从向认证机构申请认证之日起计算，生产者在转换期间必须完全按富硒生产要求操作。

如果富硒胡萝卜生产基地中有的地块有受到临近常规地块污染影响的可能，则必须在富硒地块和常规地块之间设置缓冲带或物理障碍物以保证种植地块不受污染。不同认证机构对隔离带长度的要求不同，如我国认证机构要求为8 m，德国认证机构要求为10 m。

四、富硒胡萝卜的种植过程

（一）选地整地

1. 选茬轮作

采用地瓜—洋菇娘—富硒胡萝卜、玉米—花生—富硒胡萝卜3年轮作制，利用洋菇娘、花生做前茬种植富硒胡萝卜。

2. 选地深松

选用排水良好、土层深厚、排灌方便的沙壤土。前作收获后适时进行灭茬深松，灭茬深度为12～15 cm，深松深度30 cm以上。

3. 整地施肥

以春整地为主，耙耢前每亩（667 m²）均施充分腐熟的优质农家肥4000～5000 kg，耙耢后及时起垄保墒，垄宽65 cm。起垄时再深施复合肥10～15 kg。

（二）品种选择及其处理

1. 品种选择

按当地生产生态条件类型及市场需求，因地制宜选择熟期适宜、高产、优质的优良品种。

2. 种子精选

种子应选用新种，播前需精选，剔除草籽及杂物，使种子净度达到95%，纯度达到90%，发芽率达到80%，质量达到二级。

3. 种子处理

播前晒种2天，搓去种子刺毛后，把种子倒入40℃水中浸种2 h，捞出沥干水分放在20～25℃的温度下催芽3～4天，种子露白时即可播种。

（三）适时播种

播期应根据品种特征特性、自然条件以及当地胡萝卜的预收期来确定。一般在每年6月15日～20日，掌握墒情适时在垄上双行条播，播深2 cm，要随播种随覆土随镇压。每亩保苗1.3×10^4～1.6×10^4株，用种量为0.5～0.64 kg。

五、富硒胡萝卜的管理方法

（一）田间管理

1. 除草

富硒胡萝卜喜光，故除草、间苗宜早进行。苗期除草是富硒胡萝卜丰产的重要环节。在畦面上盖一层地膜,既可增温又可保持土表湿润,还可防止下雨时土壤板结造成出苗困难。幼苗即将露土之前将地膜撤掉,一定要及时撤膜,否则会烧苗。除覆盖地膜外,还可用草或秸秆覆盖,在80%的幼苗出土后立即揭掉覆盖物(图6-15)。

图6-15 除草

2. 间苗与定苗

间苗一般在晴天午后进行,将过密苗、劣苗及杂苗拔除,第一次在1~2片真叶时进行。当富硒胡萝卜植株长至3~5片真叶时进行定苗。

3. 灌水

富硒胡萝卜种子不易吸水,土壤干旱会推迟出苗,并造成缺苗断垄。播种至出苗期间连续浇水2~3次,土壤湿度保持在70%~80%。富硒胡萝卜比较怕涝,所以下雨后要及时排水。富硒胡萝卜长到手指粗时是肉质根膨大期,也是对水分需求最多的时期,应及时浇水防止肉质根中心木质化,一般10~15天浇一次水,防止水分忽多忽少。适时适量浇水可以提高富硒胡萝卜的品质和产量,还可以防止产生裂根与歧根。

4. 施肥

土壤耕作前要施足基肥,每亩施有机肥3~4 t,施后深翻。富硒胡萝卜生长期间追肥2次,为避免"烧根",应结合浇水进行追肥,以水带肥,苗期宜稀,后期宜浓。

5. 防止胡萝卜绿肩与抽姜

富硒胡萝卜在肉质根膨大前期,约播后40天要进行培土,使根没入土中,但不埋株心,这样可以防止因胡萝卜肉质根肩部露出土表受阳光照射变为绿色。在胡萝卜进入叶生长旺盛时期,应适当控制水肥用量,进行中耕蹲苗,以防叶部徒长,造成抽薹现象。若发生抽薹,应及时将薹摘除,防止肉质根木质化影响品质。

（二）科学施硒

富硒胡萝卜产品有机硒的含量标准为 0.01～0.1 mg/kg。未喷施富硒微量元素调理剂的地块，在 7～8 叶时，每亩喷施 50～100 mg/kg 富硒营养液，20～25天后，第 2 次喷施等量富硒营养液。一般在晴天上午 9 点前或下午 4 点后喷施，若喷施后 24 小时内遇雨，须在雨后补喷。

六、富硒胡萝卜的病虫防治

富硒胡萝卜在生产过程中禁止使用所有化学合成的农药，禁止使用由基因工程技术生产的产品，所以富硒胡萝卜的病虫草害要坚持"预防为主，防治结合"的原则，选用抗病品种，采取高温消毒、合理肥水管理、轮作、多样化间作套种、保护天敌等农业和物理措施，综合防治病虫草害。

（一）病害防治

1. 黑腐病

黑腐病为真菌病，主要为害肉质根，形成不规则形或圆形稍凹陷的病斑，其上生黑色霉状物，后期肉质根变黑腐烂（图 6-16）。

防治方法：储藏前剔除病伤的肉质根，并在阳光下晒后储藏。采收和装运过程中避免机械损伤。

图 6-16　黑腐病

2. 菌核病

菌核病又称白腐病，该病具有来势猛、发病快的特点，主要为害肉质根，被害部分软化腐烂，表面生白色棉絮状菌丝体和黑色鼠粪状菌核。

防治方法：富硒胡萝卜应着重加强栽培管理，清除菌源，选用抗病品种，辅以国家允许用于种植富硒产品的相关药剂防治，如高锰酸钾、碳酸氢钾、波尔多液等。

3. 软腐病

为害肉质根，被害部分软化腐烂，汁液外溢，有恶臭。

防治方法：应及时清除病株，拔除后，穴内填消石灰，以进行消毒灭菌；另外，病田避免连作。精细翻耕整地，暴晒土壤，促进病残体分解。增施基肥，及时追肥。采用高垄栽培，在雨后及时排水，发现病株后及时清除。可用国家允许用于种植富硒产品的相关药剂进行防治。

（二）虫害防治

主要有胡萝卜微管蚜和茴香凤蝶等。提倡通过释放寄生器、捕食性天敌（如赤眼蜂、瓢虫、捕食螨等），或用诱捕器，或在散发器皿中使用诱性剂，或物理性捕虫设施（如防虫网）防治虫害，可以有限制地使用鱼藤酮、植物源除虫菊酯、乳化植物油和硅藻土来杀虫，允许有限制地使用微生物及其制剂（如杀螟杆菌、Bt制剂）等防治虫害。

七、富硒胡萝卜的肥料选择

富硒胡萝卜施肥应遵循基肥为主、追肥为辅，有机无机相结合，大量元素养分与中微量元素养分相配合的原则。具体要注意以下几点。

（1）注意增施优质有机肥，可选用含钾量较高的草木灰（图6-17）、家禽家畜粪便、菜籽饼等，忌用没有充分腐熟的有机肥料。

图6-17 草木灰

（2）依据土壤钾元素状况高效施用钾肥，并注意钙、硼、钼等微量元素养分的补充。

（3）施肥量及比例。目标产量4000千克/亩以上时，施用有机肥3~4方/亩，氮肥（N）11~14千克/亩，磷肥（P_2O_5）5~6千克/亩，钾肥（K_2O）16~18千克/亩；产量水平在2500~4000千克/亩时，施用有机肥2~3方/亩，氮肥（N）8～11千克/亩，磷肥（P_2O_5）4～5千克/亩，钾肥（K_2O）13～15千克/亩；产量水平在2500千克/亩以下时，施用有机肥1～2方/亩，氮肥（N）6～8千克/亩，磷肥（P_2O_5）3～4千克/亩，钾肥（K_2O）10～13千克/亩。

全部有机肥和磷肥做基肥施用；氮肥总量的30%～50%做基肥，其余分2次做追肥施用；钾肥总用量的2/3做基肥，1/3在生长前期追施。

八、富硒胡萝卜的加工与运输

（一）原料整理

加工品种一般选用外皮光滑、直根圆柱形，这样的品种便于切片加工。选择新鲜洁净、成熟适度、长粗适宜、剔除带虫蛀、病斑、严重损伤或畸形、发育不良的富硒胡萝卜，切成厚1 cm左右的薄片进行脱水加工。

（二）蒸煮冷却

将切好的富硒胡萝卜（以10 kg为例）放入水蒸气中密闭熏蒸，间隔时间一般掌握在5～7 min，蒸后其可溶性固形物含量为10.5%。冷却水温度一般为0～15 ℃，熏蒸后要立即进入水中使其迅速降温至15 ℃，这样，便于保持产品原色，且达到冷却的目的。

（三）沥水烘干

冷却后的胡萝卜片沥水3～5 h后，将其切成3～5 mm厚的片状进入烘房待烘。烘房内需排去蒸气，温度保持在45～60 ℃，升温设备最好用电能，在使用煤炉或木炭升温时火源需与烘房隔离，以保持房内空气的清洁。烘干时间在5～6 h，最终净重达到0.12 kg，含水量降至10%为准。将烘干后的胡萝卜片取出放在350 mL的氯化钠溶液中充分融合，溶液中二氧化硫含量降至最低，然后取出胡萝卜静置20分钟后再放入烘房内继续干燥。直至净重达到1.4 kg，最终产品的含盐量为8%，含水量为15%，20 ℃条件下水的活性为0.45（图6-18）。

图6-18　胡萝卜干

（四）分选包装

按照产品直径将其分成大、中、小 3 类分级包装，包装环境必须干燥清洁、空气清新、温度适宜。材料应选用无毒、无异味、透气防潮、厚 0.08 mm 的聚乙烯薄膜袋。每 0.5 kg 为一袋，外包装用带有防潮油层的纸箱，内衬一层洁净蜡纸或薄膜。每箱净重 50 kg，小袋分层排列整齐，箱外用胶带封口，注明标记，储藏于 12～20 ℃，相对湿度不超过 60%，避免强光辐射的库房中，出库时，要通过复水程度鉴定富硒胡萝卜的加工和储藏质量，合格后才能进入市场流通。

（五）富硒胡萝卜运输

富硒胡萝卜运输车辆应清洁、卫生；运输要求轻装轻卸、快装快运、装载适量、运行平稳、严防损伤。

1. 非控温运输

采用非控温方式运输，应用篷布（或其他覆盖物）苫盖，并根据天气状况，采取相应的防热、防冻、防雨措施。

2. 控温运输

采用控温方式运输，控温车内温度为 0～5 ℃；控温集装箱应控制箱内温度保持在 0～2 ℃。

3. 运输期限

在上述运输方式和条件下，富硒胡萝卜非控温运输期限一般不超过 2 天，控温运输最长期限不超过 20 天。

第七章　蔬菜加工过程对硒的影响

第一节　毛豆和甘蓝加工过程中硒的降解

　　农作物从采收、贮运到制成食品，都必须经过一系列的加工过程，即使直接进入消费者的厨房，也需经过处理、烹调才能食用。无论是工业加工还是家庭厨房加工，都将对蔬菜中硒的保留产生影响，使硒有所损失。加工甚至会对残留硒的形态产生影响。

　　目前对于加工过程中硒的变化规律的研究，国际上尚无明确结论。加工的过程无疑会造成硒的损失和降解，有研究人员向天然牛奶中添加硒酸盐和亚硒酸盐，研究巴氏消毒和喷雾干燥法对硒损失的影响。研究发现，这两种常见的加工鲜牛奶和婴儿奶粉的方法使硒含量的损失在 $15.6\%\sim49.2\%$ 之间，其中受热挥发是造成硒损失的主要原因。

　　谷物加工过程也会造成硒的损失，有研究表明，出粉率为 73% 的面粉麦粒中硒含量仅有 63%，面粉中硒浓度比整个麦粒中硒浓度低 $4\%\sim47\%$。工业和家庭对食物的加工会影响硒在食品中的含量。研究表明，无论油炸、烧烤、蒸煮或者罐头食品加工都会引起各种食品中硒含量的损失，谷物在水中煮沸时间过长将造成硒 $5\%\sim25\%$ 的损失。

　　家庭中对蔬菜和肉类等的烹调过程同样会造成硒的溶出或降解等。有研究人员认为，无论用什么烹调方法，硒在蔬菜、淀粉食物、肉类、水产和鸡蛋中的保留性都很差。例如，莴苣在沸水中煮熟后硒的保留量仅为 8%，包菜为 26%，花菜为 41%，胡萝卜为 52%。鸡蛋煮 3 min 后硒的残留量为 55%，油煎 5 min 后为 38%。硒在面条和蔬菜煮沸过程中的损失为 $10\%\sim30\%$。在加工绿色富硒蔬菜汁时，漂烫过程将会造成硒的大量流失，而封闭灭菌仅降解有机硒化合物，并不影响总硒含量。

焙烤对硒的损失影响显得比较模糊，有人认为焙烤造成硒的损失在15％左右，在焙烤过程中，一些硒的损失是由于硒代蛋氨酸和还原糖之间的美拉德反应产生了挥发性的硒化合物。硒在烧烤猪肉时的损失不大，这是因为高温烧烤食品时，所需时间比较短。但也有人认为焙烤对硒不会造成损失。

蔬菜的大部分商品是以加工产品的形式提供给消费者的，因此蔬菜加工的常见工艺参数对硒保留的影响、加工参数对硒形态的影响等，将直接影响富硒产品中硒的生物有效性。但目前国际上关注较多的是生物样品中硒种类的测定，而对加工过程对硒的影响研究很少。

在众多蔬菜中，毛豆的蛋白质含量最高，且富含谷类中普遍短缺的属于优质蛋白的赖氨酸。毛豆中食物纤维含量丰富，还含有磷脂，维生素C含量与番茄不相上下。毛豆中蛋白质可与动物蛋白质媲美，能促进人体生长发育、新陈代谢，是维持健康活力的重要元素；其纤维素可促进肠蠕动，有益消化及排泄；其不饱和脂肪酸和卵磷脂含量也很高，可改善高脂血症，预防脂肪肝；矿物质含量也很高，其中铁质不但比谷类或其他豆类多，且易为人体所利用；钾可维持体液碱度均衡，并刺激肾脏排出有毒物质。另外，毛豆具有柔糯香甜的口感和特殊的豆香味，可用于家庭、饭店、航空等饮食配餐，是一种深受消费者欢迎的蔬菜。毛豆采摘期较短，集中上市会导致价格过低，因此对毛豆进行加工，延长其销售时间是解决该难题的关键。

甘蓝为十字花科植物，全国各地均有栽培，资源丰富。现代医学、营养学表明，甘蓝中除含有蛋白质、脂肪、矿物质钙、磷、铁外，还含有丰富的维生素，其中维生素C和维生素P含量尤为突出，在蔬菜中名列前茅。综合开发富硒甘蓝的加工工艺，为甘蓝加工新品种的开发探出一条新路，这样不仅提高了甘蓝的附加值和出口产品的档次，而且为增加农民收入和建设社会主义新农村都具有重大而深远的意义。

由于蔬菜的大部分商品是以加工产品的形式提供给消费者的，蔬菜加工的常见工艺参数对硒保留的影响、加工参数对硒形态的影响等将直接影响富硒产品中硒的生物有效性。硒在加工过程中易挥发和损失，热风干燥和喷雾干燥等烘干过程均会造成硒的挥发和损失，目前国际上加工工艺对硒的影响研究较少，对硒的损失和变化机理需要进一步深入研究。本章以甘蓝和毛豆为主要试验材料，研究储藏过程中硒含量的变化，研究热烫和制汁工艺对于硒的保存率的影响，不同干燥工艺处理对硒保存率的影响以及热风干燥过程对硒的降解动力学和表观活化能的影响，通过表观活化能计算待测温度下的降解速率，为预测蔬菜在不同加工过程中硒的降解规律和有机硒的保存提供参考。

一、试剂与设备

（一）试剂

2，3－二氨基萘，购自美国 Fluka 公司；标准蛋白，购自上海生化试剂公司；丙烯酰胺，三氨基甲烷、甘氨酸、十二烷基磺酸钠、甘油、S－巯基乙醇、溴苯酚、双丙烯酰胺、四甲基乙二胺（TEMED）、过硫酸铵、考马斯亮蓝 R－250、醋酸、甲醇、硝酸、硫酸、高氯酸、氨水、2，6－二氯靛酚等，均购自上海国药试剂公司。

（二）设备

F76 荧光光度计　　　　　　　　上海棱光仪器公司
SD-04 压力式喷雾干燥器　　　　英国 Armfield 公司
电热恒温真空干燥箱　　　　　　DZ288 上海跃进医疗器械厂
电热鼓风干燥箱　　　　　　　　上海市实验仪器有限公司
FD-IA 型真空冷冻干燥机　　　　北京博医康实验仪器有限公司
1200L 气相色谱串联质谱联用仪　美国瓦里安公司
实验型超滤机　　　　　　　　　无锡超滤设备厂

二、储藏过程中硒的变化

新鲜甘蓝和毛豆采收后储藏于冰箱中，分别在 0 周、1 周、2 周、3 周、4 周取出，打浆后测定样品中的总硒含量。

三、甘蓝制汁过程对硒的影响

（一）甘蓝甜橙汁制备工艺流程

甘蓝→ 挑选 → 清洗 → 切片 → 热烫 → 破碎 → 酶解 → 灭酶 → 过筛 → 离心 → 调配 →

超滤 → 高温瞬时灭菌 → 热灌装 → 灭酶

↑
浓缩橙汁

（二）烫漂参数对硒的影响

1. 烫漂液 pH 的影响

采用碳酸氢钠和盐酸溶液分别将溶液 pH 调节为 6、7、8、9、10，设定温度为 95 ℃，将切片的甘蓝叶片放入烫漂液中热烫 120 s，迅速取出并放入冰箱中冷却，酸消解后测定热烫后叶片中的硒含量。

2.烫漂时间的影响

将甘蓝切片后分别在 90 ℃、95 ℃ 和 100 ℃ 条件下进行烫漂处理，分别在 30 s、60 s、90 s、120 s、150 s、180 s、210 s 后取出并迅速冷却，测定样品中硒和维生素 C 的保存率。

（三）甘蓝汁的酶处理

甘蓝打浆后采用柠檬酸调节 pH 为 5，纤维素酶用量为 0.08%，温度为 40 ℃，时间为 40 min。酶解后测定自流汁、压榨汁和余下的甘蓝渣中的硒含量。

（四）甘蓝汁的超滤处理

将用纤维素酶处理后的甘蓝汁加入超滤机，通过截流分子量（MWCO）为 100 ku 的聚丙烯腈（PAN）管式膜进行超滤处理，超滤温度控制在 30 ℃ 以内，压力 300 kPa。

四、毛豆蛋白汁液制备过程对硒的影响

（一）毛豆蛋白饮料制作工艺

原料→去皮→热烫→破碎磨浆→酶解→离心过滤→调配→加糖→均质→灭菌→装罐

（二）烫漂对硒的影响

将去皮的毛豆放入 95～98 ℃ 的热水中进行热烫，分别在 30 s、60 s、90 s、120 s、150 s、180 s、210 s 后取出并迅速冷却，测定样品中硒的保存率。

（三）蛋白酶处理对硒的影响

毛豆→ 60 ℃烘干 → 粉碎 → 正己烷脱脂 → 低温豆粕 → pH8.0水提碱 → 离心 →

pH4.5酸沉 → 冷冻干燥 → 成品

工艺条件：豆粉和水以 1∶10 的料水比溶解豆粉，用 1 mol/L NaOH 调 pH 至 8.0，在磁力搅拌下提取蛋白 3 h；然后以 3200 r/min（1300×g）的转速离心 30 min；上清溶液用 2 mol/L HCl 调 pH 至 4.5，酸沉蛋白，再以 3200 r/min 的转速离心 30 min；沥去上清液，用水洗沉淀三次，加少量的水溶解沉淀，用 2 mol/L NaOH 调 pH 至 7.0；最后冷冻干燥得到分离毛豆蛋白成品。

将分离蛋白溶解在水中，加入蛋白酶进行水解处理，蛋白酶 K 的添加量设定为 20～400 mg/L，酶解后用超滤浓缩离心管过滤，过滤后测定溶液中的硒含量，以确定酶解进行的程度。

五、甘蓝脱水过程中硒的降解

（一）脱水甘蓝加工工艺流程

新鲜甘蓝去根、茎、芯切割成 45 mm×45 mm 小块→清水冲洗→沥干→烫漂〔$NaHCO_3$ 调节 pH 为 7.5~8.0，温度（95±2）℃〕→自来水冷却→沥干表面水分→加固体糖（分别添加质量分数为 16% 葡萄糖和 8% 乳糖）→静置渗透 1 h→热风干燥。

（二）热风干燥对硒的影响

设定烘干温度分别为 60 ℃、70 ℃、80 ℃，风速 1 m/s，将切片的甘蓝放在钢丝筛上进行烘干，按照设定的时间取样测定水分含量和硒含量。

（三）其他干燥方式对甘蓝硒的影响

1. 真空干燥

将切片、烫漂后的甘蓝叶片在物料盘中铺开，在真空度 0.07 MPa，干燥温度 70 ℃的条件下进行真空干燥，至水分含量为 7%，测定总硒和有机硒含量。

2. 真空冷冻干燥

将切片、烫漂后的甘蓝叶片在物料盘中铺开，先置于 −40 ℃冰箱内冷冻 24 h，取出后再放入冷冻干燥器腔体内的物料架上，启动真空泵使干燥室内真空度为 50 Pa（绝压），冷阱温度 −50 ℃，干燥至水分含量为 7%，测定总硒和有机硒含量。

3. 喷雾干燥

将切片、烫漂后的甘蓝叶片打浆，25 MPa 均质，采用压力式喷雾干燥器进行喷雾干燥，收集喷出的甘蓝粉末，产品水分含量为 5%~6%，测定总硒和有机硒含量。

六、毛豆脱水过程中硒的降解

采用热风干燥、喷雾干燥和真空干燥的方法处理毛豆，测定样品的含硒量及有机硒含量的变化。

七、产品储藏过程中硒的变化

将甘蓝汁、毛豆汁、脱水甘蓝、脱水毛豆分别存放在室内和 4 ℃冰箱中，分别在 2 个月、4 个月、6 个月测定样品中硒含量的变化。

八、总硒与有机硒的测定方法

（一）总硒的测定方法

按照国家标准 GB/T 5009.93－2003 中的 2，3－二氨基萘（DAN）荧光分光光度法测定样品中总硒的含量。

（二）有机硒的测定方法

气相色谱串联质谱方法进行有机硒的测定，色谱条件为：

1200 LGC/MS/MS 型气相色谱串联质谱联用仪，DB-5MS（30 m×0.25 mm×0.25 pm）石英毛细管柱，进样口，250 ℃，分流比 10∶1；载气为氦气，恒流模式，流速 1.0 mL/min；程序升温，起始 120 ℃保持 1 min 再以 15 ℃/min 升到 280 ℃保持 5 min；质谱接口温度 250 ℃，进样量 1 μL。质谱：EI 源，电离能 70 eV，离子源温度 200 ℃，溶剂延迟 3 min，扫描方式，SRM 方式，检测器电压 1500 V。利用质谱全离子扫描的图谱，依据标样的色谱保留时间和质谱信息进行定性分析。利用已有的标准化合物制备的标准曲线（质谱选择离子扫描的峰面积/化合物的浓度）进行定量分析。

采用数据分析和处理软件 Origin 7.5 进行图的绘制和数据分析。

第二节　不同处理方式对硒含量的影响

一、原料储藏过程中硒的变化

将采收的新鲜甘蓝和毛豆储藏在 4 ℃冰箱中，测定新鲜原料中硒的变化趋势，从而确定适宜的储藏条件。测定结果见图 7－1。

从图 7－1 可以看出，在冷藏条件下，甘蓝和毛豆中硒的含量会随着时间的延长而减低。在第 1 周，甘蓝和毛豆的硒降解速率都较高，而第 2～3 周硒的降解速率较低，到第 4 周降解速率又升高，其中甘蓝的降解速率升高的更明显，可能是第 4 周开始甘蓝的储藏性能降低，有微生物生长，同时参与硒的代谢。有研究人员研究培养液中水稻、花椰菜、甘蓝对于硒的吸收代谢时发现，可能有微生物参与了硒的挥发，这是因为当培养液中加入抗生素的时候，蔬菜根部对硒的挥发显著降低。

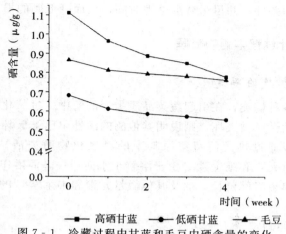

图 7 - 1　冷藏过程中甘蓝和毛豆中硒含量的变化

图中图例：—■— 高硒甘蓝　—●— 低硒甘蓝　—▲— 毛豆

高硒甘蓝经过 4 周的储藏硒含量会降低 30％左右，而低硒甘蓝硒的降解率为 20％，毛豆中硒的损失较低，约为 13％。原因可能是毛豆中的硒是以硒代氨基酸形式与蛋白质结合的，因而较稳定。有研究人员研究冷藏对蔬菜和藻类中硒含量的影响，冷藏一个月后，硒损失率为 4.34％～12.24％，而洋葱中硒的损失率可达 37.11％，这可能是蔬菜中的酶的作用，导致其中硒化物的转化损失。

关于样品的制备、储藏以及有机硒组分的甲基化挥发等，有研究人员指出，四价硒最好保存在 pH 小于 2 的盐酸溶液中。六价硒则不能在酸性条件下保存。对于有机硒化合物，例如植物样品中常见的硒代蛋氨酸和硒代半胱氨酸，应该在氮气条件下以 0.5％～3％的浓度溶解在盐酸溶液中，溶液必须在尽可能低的温度条件下保存在聚乙烯容器中。

有人在加入亚硒酸钠的营养液中栽培大蒜，收获后的大蒜用水清洗后冷冻干燥。干品用辗钵粉碎后置于 4 ℃储藏直至分析用。印度的芥菜组织（茎和嫩尖）用液氮冷冻以破碎细胞壁，然后用辗钵粉碎冷藏于 −18 ℃直至分析。一般来说，富硒植物样品的预处理常采用采样后粉碎冷冻储藏的方法。

关于硒化物之间的转化机理，有人提出，在酶和光、热等作用下硒化物之间会发生相互转化，如硒代蛋氨酸很容易在 Met-tRNA 作用下酰化与蛋白质结合，另外，硒代蛋氨酸也可以通过转硫化途径生成硒代半胱氨酸。硒代半胱氨酸在裂解酶的作用下会降解生成 H_2Se，硒甲基硒代半胱氨酸在裂解酶的作用下会形成 CH_3SeH。另外，亚硒酸盐是通过硒双壳胱甘和过硒化谷胱甘肽途径形成 H_2Se 的，H_2Se 通常作为合成硒蛋白的活性前体，也可以进一步经过酰苷甲硫氨酸途径代谢生成 CH_3SeH。

因此即使在低温下，硒化物也会转化或降解挥发，在分解和加工的过程中应选择适宜的温度和条件，并尽量减少处理时间，从而降低硒的损失。

二、甘蓝制汁过程中硒的降解

（一）烫漂参数的确定

蔬菜中含有各种酶类，在引起蔬菜品质劣变的酶中，过氧化物酶最耐热，若测得过氧化物酶活性已被破坏，则说明其他酶的活性早已被破坏。为了保持蔬菜的良好品质，可以通过热烫使蔬菜原料中的过氧化物酶失活。在热烫过程中，铁、镁、锌等微量元素和维生素 C 由于溶解于水而损失，而硒作为热不稳定元素也会损失。随着热烫时间延长，硒及其他微量元素和维生素 C 的损失量增加，保存率降低。

1. 烫漂时间的确定

通过愈创木酚试验确定过氧化物酶的失活时间，样品分别在 90 ℃、95 ℃、100 ℃的水中进行热烫，一定时间间隔后取出进行测定，当组织透明，用愈创木酚检验（体积分数 1.5％愈创木酚酒精液及 3％的 H_2O_2 等量混合）无颜色变化时表明过氧化物酶已失活，迅速在冷水中冷却。经试验在 90 ℃、95 ℃、100 ℃烫漂条件下过氧化物酶的失活时间分别为 210 s、60 s 和 30 s。

2. 烫漂液 pH 对甘蓝硒保存率的影响

在热处理过程中，叶绿素中的镁原子极易被两个氢所取代，生成褐色的脱酶叶绿素，在水溶液中该反应是不可逆的，因此，为选择适宜的烫漂 pH，我们研究了不同酸碱度的烫漂液对甘蓝中硒保存率的影响，结果见图 7 - 2。

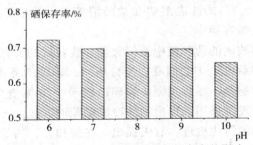

图 7 - 2　不同 pH 烫漂液对硒保存率的影响

从图 7 - 2 可以看出，当 pH 由 6.0 增加到 9.0 的时候，硒含量会逐渐变化，pH 为 6.0 时硒保存率 72％，pH 为 9.0 时硒保存率降低到 70％，其中 pH 等于8.0 的时候硒损失量最大，保存率为 68％，但差异并不显著（$P > 0.05$），当 pH提高到 10.0 时硒保存率降低到 65％，差异显著（$P < 0.05$）。经预试验发现，甘蓝蛋白在 pH 为 8 的时候溶解度最大，因此随着 pH 从 6.0 增加到 8.0，甘蓝蛋白在水中的溶解度增大，蛋白中硒的损失加大。当 pH 酸碱度增加到 10.0 的时

候，因为水溶液碱性较大，对甘蓝组织破坏较大，甘蓝叶片呈现软伤状态，叶片汁液流失现象严重。

受热蔬菜组织中叶绿素的降解受组织 pH 的影响，在碱性介质中（pH 为 9.0），叶绿素非常稳定，而在酸性介质中（pH 为 3.0），氢离子浓度较高，叶绿素稳定性较差，容易形成褐色脱镁叶绿素。因此，pH 为 9.0 是比较适宜的烫漂 pH。

（二）不同烫漂时间对硒和维生素 C 保存率的影响

将甘蓝切片后分别在 90 ℃、95 ℃ 和 100 ℃ 条件下进行烫漂处理，每隔 30 s 取出，并迅速冷却，测定样品中硒和维生素 C 的保存率，结果见图 7 - 3（a）和图 7 - 3（b）。

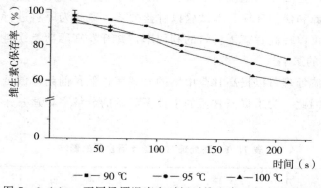

图 7 - 3（a）　不同烫漂温度和时间对维生素 C 保存率的影响

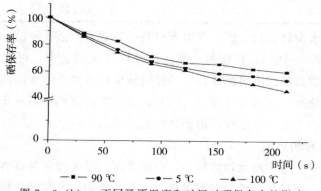

图 7 - 3（b）　不同烫漂温度和时间对硒保存率的影响

不同温度条件下过氧化物酶所需的失活时间不同，根据愈创木酚试验过氧化物酶失活的情况分析，在 90 ℃ 时需 210 s 才能使酶彻底失活，维生素 C 保存率仅为 73％；95 ℃需 60 s，保存率为 88.5％；100 ℃需 30 s，保存率为 92.8％。在 95 ℃和 100 ℃时维生素 C 保存率相差并不大，而硒在烫漂过程中会有较大损失。硒的损失主要与烫漂时间相关，而温度对其影响不明显，当过氧化物酶失活时，在 90 ℃时硒的保存率仅为 61％；95 ℃烫漂 60 s 保存率为 76％；100 ℃烫漂 30 s，保存率为 85％。因此，100 ℃烫漂 30 s 对硒的保存较有利。但是热烫温度过高，不仅耗能大，而且在工厂实际操作过程中存在一定困难。因此根据综合考虑确定最佳热烫温度、热烫时间分别为 95 ℃和 60 s。

（三）制汁过程中硒含量的变化

我国的甘蓝除鲜食外，多用于腌渍和制作脱水蔬菜。在脱水蔬菜厂中只利用甘蓝叶片部分，近 2/3 的茎及菜心部分被丢弃，造成大量原料浪费及环境污染。为充分利用资源和保护环境，本试验以甘蓝的茎、菜心为原料进行了复合汁加工工艺的研究，可以提高甘蓝下脚料的利用率，并开发富硒功能饮料。

1. 酶处理的影响

虽然超声波处理可以提高甘蓝中硒的分解率，但目前超声波处理尚未广泛用于工业生产，因此，为了提高甘蓝的出汁率和硒的分解率，适宜采用纤维素酶酶解蔬菜浆的方法。

表 7 - 1　酶处理对甘蓝汁硒含量的影响

	甘蓝	自流汁	压榨汁
匀浆未加纤维素酶	0.78±0.02	0.57±0.03	0.69±0.04
匀浆加纤维素酶	0.77±0.03	0.61±0.05	0.73±0.06

经过纤维素酶处理后，硒的提取率得到一定提高（表 7 - 1），而出汁率经过测定可提高 15％～16％。甘蓝的自流汁比压榨汁含硒量少，可能是因为含硒组分主要存在于甘蓝的细胞组织液内，经过机械压榨或者纤维素酶的作用，细胞壁破裂，细胞液流出，胞内组分流出。因此，纤维素的酶解作用对于提高硒的提取率有一定帮助，尤其是可以较好地提高甘蓝汁的出汁率。

2. 超滤处理的影响

甘蓝中的单宁等多酚类物质较多，会给果蔬汁带来青菜所特有的青涩味，口感上有所欠缺，而且在后续的储藏过程中，多酚类物质容易聚合形成沉淀。经超滤后的甘蓝汁不仅澄清度明显提高，且具有相对持久稳定的色泽和透明度，风味得到了改善。

表7-2 超滤处理对甘蓝汁组分的影响

测试指标	超滤前	超滤后
硒含量（μg/g）	0.14	0.13
澄清度（OD）	75	98
沉淀试验	少量沉淀	无可见沉淀
可溶物	3.9	3.8

由表7-2可知，采用截留相对分子质量为10 ku的超滤膜，甘蓝汁中硒能较好地通过超滤膜，在澄清的超滤液中得到较好的保持。酒精试验证明，果胶分子已基本被截留住，风味色泽的明显改变说明超滤膜能有效吸附色素物质及多酚类物质等。超滤系统可以将容易形成沉淀的大分子组分如蛋白质、果胶碎块、单宁、纤维素等截留住，并在滤汁中保留原汁中的硒等主要成分及风味，还可省去加入过滤剂、助滤剂等物质，避免将杂质带入汁中。

3. 杀菌处理的影响

高温灭菌处理可以使果蔬汁中的酶和微生物失活，但热处理也可能会对热敏性的硒造成影响。

表7-3 灭菌工艺对硒含量的影响

处理	灭菌前	灭菌后
总硒（μg/g）	0.0271	0.0268
有机硒（μg/g）	0.0216	0.0212

从表7-3可以看出，杀菌工艺对甘蓝汁中硒含量影响不大，同烫漂相比，烫漂对硒的损失大于杀菌，可能是因为灭菌是在封闭的容器中进行的，可以降低硒的挥发。而烫漂过程中除了硒的热降解损失外，还会有一部分可溶性的硒随着汁液进入烫漂液中，造成硒的损失。有研究人员研究了绿叶蔬菜汁在烫漂和杀菌过程中叶绿素和硒的变化，结果与本研究一致。加工过程中硒可能是通过非酶途径降解的，含硒氨基酸如硒代蛋氨酸被甲基化生成硒甲基硒代蛋氨酸，然后断裂生成挥发性的二甲基硒；另外的一个可能途径是通过中间产物——二甲基硒代丙酸酯（DMSeP），分解产生挥发性的二甲基硒，造成硒的分解挥发损失。

三、毛豆蛋白汁制备过程中硒的变化

毛豆蛋白饮料营养丰富，因而国务院颁布的《中国营养改善行动计划》提出"安排好豆类加工发展计划，并制定有效的扶持政策，加快发展。"各种风味豆制品，将是三五年内替代肉类高蛋白食品的首选绿色保健食品，前景极为广阔，但毛豆蛋白饮料风味比较单一平淡，加入果汁可提高它的风味和口感，但果汁里往往存在大量的有机酸。如果在这类果汁里直接加入含蛋白质的原料，将引起蛋白质迅速地分离和沉淀，很难制成蛋白质饮料。将毛豆蛋白汁液中加入蛋白酶进行水解，不仅可以降低蛋白的沉淀现象，还可以将结合态的硒蛋白水解成为游离的硒代蛋氨酸，提高含硒组分的生物利用率。

（一）烫漂对硒的影响

将去皮的新鲜毛豆放入 95 ℃热水中进行热烫，分别在 30 s、60 s、90 s、120 s、150 s、180 s、210 s 时取出并迅速冷却，样品中硒的保存率见图 7 - 4。

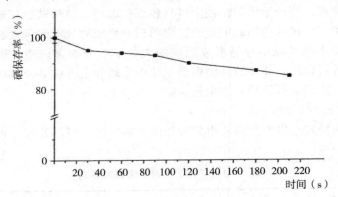

图 7 - 4　不同烫漂时间对硒保存率的影响

从图 7 - 4 可以看出，毛豆烫漂过程中硒的损失远小于甘蓝在烫漂过程中的损失，烫漂 210 s 硒的保存率仍然在 85％以上，这可能是因为豆粒表面有致密的豆皮的保护，另外毛豆中的硒组分主要以硒代蛋白质的结合形式存在，因此不容易溶出，能减少硒代蛋氨酸的挥发降解。

（二）蛋白酶处理对硒的影响

1. 预处理过程中毛豆含硒量的变化（图 7 - 5）

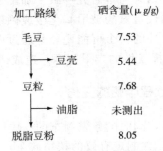

图 7 - 5　预处理过程中硒含量的变化

2. 蛋白酶处理时间对毛豆蛋白水解率的影响

蛋白酶对含硒蛋白饮料的水解是必需的，因此了解酶解途径的最佳条件是十分必要的。为了更好地研究蛋白酶对毛豆蛋白中结合态硒的影响，降低其他组分的影响，本试验采用提纯的毛豆蛋白进行研究。选择蛋白酶 K 和胃蛋白酶，分别在 pH 为 7.5 和 1.5 的条件下对毛豆蛋白进行分离水解，含硒氨基酸的提取率随时间的变化见图 7 - 6。

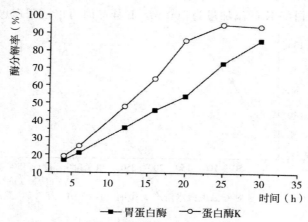

图 7 - 6   蛋白酶 K 和胃蛋白酶水解时间对毛豆蛋白的影响
（酶的添加量为 100 mg/g 样品，温度为 37 ℃）

从图 7 - 6 可以看出，在蛋白酶作用下水解氨基酸溶液中硒的浓度随时间的延长而逐渐增加，蛋白酶 K 和胃蛋白酶水解后毛豆蛋白中总硒的提取率都可达到 90％以上，蛋白酶 K 的水解率大约在 20 h 后可达到 90％以上，而胃蛋白酶达到 90％的水解率则需要 30 h 以上，说明使用蛋白酶 K 水解毛豆蛋白的能力更强。

3. 蛋白酶用量对毛豆蛋白水解率的影响

在前面试验的基础上，选择水解效率较高的蛋白酶 K 作为试验用酶，研究不同蛋白酶用量对水解液中硒的提取率的影响。所有试验都在 Tris-HCl 缓冲液按 pH 为 7.5 的条件下进行以保证酶的活力。

关于酶的加入量的单因素试验结果见图 7 - 7。图中显示蛋白酶 K 用量的增加可以提高含硒氨基酸组分的分解率，但是当蛋白酶 K 的用量从 100 mg 增加到 200 mg 时，硒蛋白的水解率有一定增加，但变化不显著；当蛋白酶 K 的用量从 200 mg 增加到 400 mg 时，硒的水解率增长较小，但是需要注意的是当蛋白酶 K 的添加量为 400 mg 的时候，毛豆中硒的水解率达到 101％，这可能是因为蛋白酶 K 本身含有一定的硒，而在水解过程中有一定量的蛋白酶自身水解，造成水解液中硒的含量进一步增加。有研究人员采用蛋白酶 XIV 研究酵母中含硒组分的提取和分解，发现 20 mg 蛋白酶 XIV 用于水解 0.1 g 酵母效果较好，蛋白酶水解时间的长短受到酶的用量的影响很大，当蛋白酶 XIV 的用量为 20 mg 的时候，即使水解 108 h，依然没有达到最佳的水解效果，蛋白酶用量提高到 40 mg 时，水解曲线的斜率减小但趋势不变，当蛋白酶 XIV 的用量达到 200 mg 时，经过 48 h 酵母的水解程度达到恒定，最终采用 0.1 g 样品添加 200 mg 蛋白酶 XIV 在 37 ℃下水解 72 h 来作为硒酵母中硒代蛋氨酸的最终水解工艺。本试验中对于毛豆蛋白的水解，蛋白酶 K 的添加量为 100 mg/L 样品时可以达到理想的分解率。

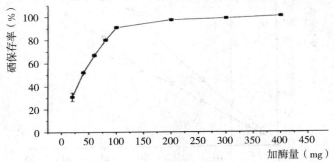

图 7 - 7　蛋白酶 K 用量对毛豆蛋白水解率的影响（溶液 pH 为 7.5，温度为 37 ℃）

四、热风干燥对甘蓝中硒的影响

（一）不同预处理烘干过程中硒含量的变化

为了研究烘干过程对硒的保存率，对新鲜甘蓝烫漂后的样品以及经过葡萄糖和乳糖调味的甘蓝样品进行烘干，测定不同的处理过程对烘干过程中硒保存率的影响（图 7 - 8）。

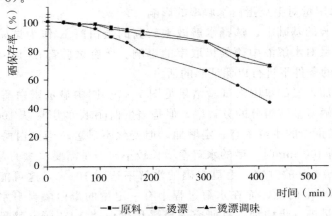

图 7 - 8　不同预处理烘干过程中硒保存率的变化

新鲜甘蓝样品在烘干过程中的硒保存率较高，而烫漂后硒的损失速率大大增加，这主要是因为热烫有助于破坏细胞膜和细胞壁，从而减少细胞内外物质迁移和热传递的阻力。而经过调味和浸渍，甘蓝细胞组织的水分活度降低，水分和细胞内外物质的迁移速率降低，因此可以降低硒的损失。

（二）不同温度和不同时间烘干甘蓝硒的保存率

为研究烘干过程中硒保存率随时间和温度的变化规律，分别测定 60 ℃、80 ℃ 和 100 ℃ 热风干燥过程中水分和硒随时间的变化，确定热风干燥过程中硒的降解反应速率和活化能，为脱水富硒蔬菜产品的加工确定最佳工艺条件。

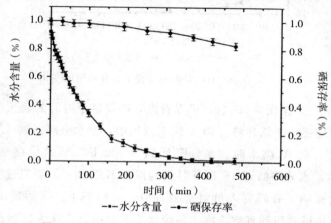

图 7 - 9（a）　60 ℃烘干过程中水分和硒的变化

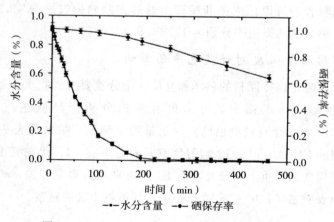

图 7 - 9（b）　80 ℃烘干过程中水分和硒的变化

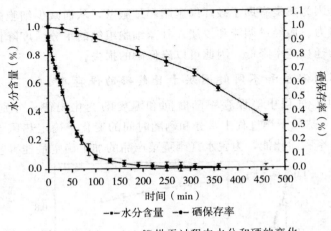

图 7 - 9（c）　100 ℃烘干过程中水分和硒的变化

从图 7 - 9（a）至图 7 - 9（c）可以看出，随着烘干时间的延长和水分含量的降低，硒含量呈逐渐降低趋势。60 ℃烘干过程中，当水分降低到 8％以下时硒的保存率是 92％；80 ℃烘干时，水分降低到 8％以下时硒的保存率是 90％，而100 ℃烘干时，水分降低到 8％以下时硒的保存率是 76％。加工过程对硒的保存和损失有较大影响，有研究人员对富硒青椒、富硒茄子、富硒黄瓜等进行了微波、低真空、热风常压和真空冷冻 4 种脱水工艺的研究，认为富硒蔬菜在脱水加工中有机硒的保存率与脱水温度、脱水方式（常压负压）和脱水时间有关。有研究人员发现原料乳经过巴氏灭菌和喷雾干燥后内源硒损失率为 49.2％，而添加的硒酸钠和亚硒酸钠的损失率分别为 17.6％和 15.6％。

（三）不同烘干温度对甘蓝色泽的影响

对于脱水产品，保持原料的色泽和亮度是十分重要的。脱水甘蓝色泽应接近新鲜原料的淡绿色，无褐变。为了更客观地分析产品颜色，本试验应用 Kangguang SC－80C 全自动测色色差计定量测定颜色，结果见表 7 - 4。采用食品工业中常用的 CIEI*、a*、b* 均匀色空间表色系统，L* 代表亮度（黑－白），其值越小表明褐变越严重。有研究表明 L* 值与果蔬的褐变有关；a* 代表红－绿色，其值越小表明越绿；b* 代表黄－蓝色，其值越小表明越蓝。

表7-4 不同烘干温度对甘蓝色泽的影响

Temperature	L*	a*	b*
直接烘干			
60	49.33±1.53	2.76±0.83	19.72±1.48
80	47.17±2.76	6.89±1.32	17.44±1.43
100	40.48±1.61	9.46±1.71	11.69±2.93
烫漂后烘干			
60	58.34±2.41	−2.54±0.77	16.75±1.98
80	55.07±1.98	−1.68±0.91	14.82±2.39
100	52.36±1.75	1.75±1.28	17.37±2.95
调味烫漂后烘干			
60	60.93±2.47	−3.61±0.88	15.54±1.87
80	59.85±1.38	−3.52±1.37	15.73±2.65
100	54.79±2.54	1.93±0.95	13.49±2.86
原料			
	71.93	−4.78±0.75	18.44±2.41

新鲜甘蓝的 L* 为 71.93，烘干后的产品 L* 值都变小，说明加工处理对蔬菜亮度造成损失，烫漂处理能较好地保持产品的色泽，而调味后对产品的色泽保持有进一步提高，这是因为经过葡萄糖和乳糖的处理，甘蓝组织中水分活度降低，物质的迁移速率降低，褐变反应受到进一步抑制。100 ℃烘干过程使甘蓝产品形成较严重的褐变，主要是因为在较高温度下发生了美拉德反应，而 60 ℃和 80 ℃烘干对产品色泽的差异不显著。因此在烘干过程中应控制温度以保持产品的色泽，避免叶绿素的降解。

五、烘干过程对甘蓝中有机硒含量的影响

我们对新鲜甘蓝、烫漂后以及 80 ℃烘干后的甘蓝提取物中的硒甲基硒代半胱氨酸和硒代蛋氨酸进行了测定，三个处理中有机硒含量的变化如图 7-10（a）。

从图 7-10（a）可以看出，经过烫漂和烘干处理后，甘蓝中硒的构成比例变化不大，主要还是以硒甲基硒代半胱氨酸为主，烫漂和烘干均会造成硒代氨基酸的损失，为使两种硒代氨基酸加工前后的变化对比更明显，将硒甲基硒代半胱氨酸和硒代蛋氨酸的峰分开来进行比较。见图 7-10（b）和图 7-10（c）。

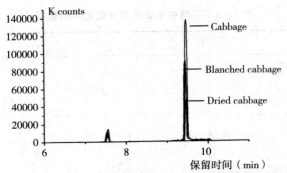

图 7 - 10（a）　处理过程中甘蓝硒甲基硒代半胱氨酸和硒代蛋氨酸的含量变化

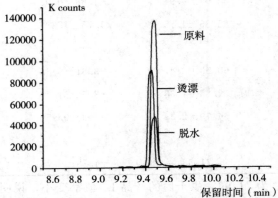

图 7 - 10（b）　处理过程中硒甲基硒代半胱氨酸的变化

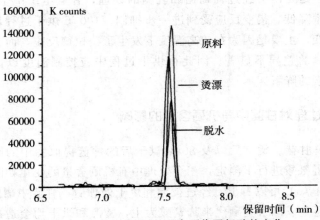

图 7 - 10（c）　处理过程中硒代蛋氨酸的变化

烫漂处理会使硒甲基硒代半胱氨酸的含量降低 20%～30%，而烘干处理会使硒甲基硒代半胱氨酸的含量降低 50%～60%。对于硒代蛋氨酸来说，烫漂和烘干也会造成硒挥发降解，烫漂的损失在 10%～20%，烫漂后再烘干对硒代蛋氨酸造成的损失约在 40%～50%。相对于总硒的变化来说，烫漂造成的总硒和有机硒的降解比例相当，但是烘干造成的甘蓝中有机硒的损失较多，因此，在加工过程中应着重考虑对烘干过程中温度和时间的控制。

在酶、光和热等因素的作用下，硒化物之间会通过酶促途径或非酶途径发生相互转化，如硒代蛋氨酸可以通过转硫化途径生成硒代半胱氨酸，硒代半胱氨酸在裂解酶的作用下会降解生成 H_2Se，硒甲基硒代半胱氨酸在裂解酶的作用下会形成 CH_3SeH，或者进一步形成二甲基硒和三甲基硒，造成硒化物的挥发损失。

关于加工过程中有机硒含量的变化，有研究人员研究了焙烤和氧化对富硒芝麻的有机硒种类的影响，富硒芝麻中主要的有机硒形式是硒代蛋氨酸，研究结果显示，不管焙烤还是强制氧化，富硒芝麻中硒的种类和分布方式都不会改变。

六、不同烘干方式对甘蓝硒保存率的影响

为研究不同烘干方式对甘蓝中总硒和有机硒的保存率的影响，将甘蓝切片烫漂后，采用不同的干燥工艺进行处理，测定各处理样品中总硒和硒代氨基酸的保存率。以烫漂后的总硒含量为分母进行计算。试验结果如图 7 - 11。

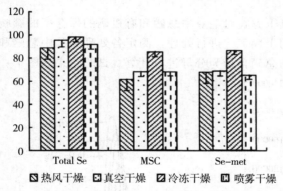

图 7 - 11　不同烘干方式对甘蓝硒保存率的影响

从图 7 - 11 可以看出，不同的干燥工艺中，总硒和有机硒的降解程度是不同的，相对来说，冷冻干燥对有机硒的保存率最高，而热风干燥造成的有机硒损失率最大。在喷雾干燥过程中，进风口的温度在 180 ℃，在这么高温度下硒很容易挥发，但是在喷雾干燥过程中，物料在干燥室里停留的时间为 3 s 左右，时间很短，进风温度对其影响不是太大；但是整个腔体温度都很高，干燥物料出口的出

风温度在 75～90 ℃，因此硒代蛋氨酸的损失在四种干燥工艺中最大。硒甲基硒代半胱氨酸在各种加工过程中都不稳定，即使在冷冻干燥过程中也会有一定的损失。

有研究人员对富硒青椒、富硒茄子和富硒黄瓜 3 种富硒蔬菜进行了不同脱水方式的试验，得出了在微波、低真空、热风常压和真空冷冻 4 种脱水方式下脱水温度对脱水蔬菜含硒总量和有机硒比例的影响曲线，研究人员认为在各种脱水方式中，以 3 种浓度下的有机硒比例平均值论，真空冷冻的最高，低真空次之，微波和热风最低，但后 3 种相差不大。原因可能是高真空直接升华对蔬菜细胞结构破坏较小，从而有利于保存有机硒。以 3 种浓度下的总硒量平均来看，仍是真空冷冻的最高，低真空次之，微波和热风最低。与本研究的结果一致，在加工过程中，应尽量减少原料与空气的接触并适当降低加工温度。

不同的工艺条件和储藏条件下硒的降解速率不同，真空微波烘干与热风烘干较真空微波烘干能较好地保持硒的含量。研究发现，在储藏过程中原料油脂中硒的含量有升高趋势，而在精炼过程中硒的含量降低到 2/3 左右。因此，选择适宜的加工工艺和参数，可以较好地减少蔬菜产品中硒的降解。

干燥过程中有机硒的损失可能是含硒组分转化成了其他的含硒组分，如二甲基硒醚、二甲基二硒醚和三甲基硒等形式。在加工过程中硒的降解变化途径目前国际上还缺乏明确的结论，需要进一步深入研究。

七、不同烘干方式对毛豆硒保存率的影响

为研究不同烘干方式对毛豆中总硒和有机硒的保存率的影响，将毛豆去壳烫漂后，采用不同的干燥工艺进行处理，测定各处理样品中总硒和硒代蛋氨酸的保存率。以烫漂后的总硒含量为分母进行计算。试验结果如图 7 - 12。

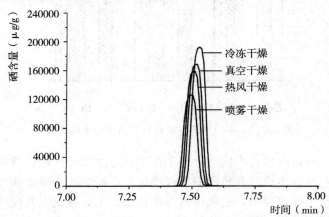

图 7 - 12　不同烘干方式对毛豆硒保存率的影响

从图 7 - 12 可以看出，以不同烘干方式烘干，样品中硒代蛋氨酸的保存率是不同的，其中冷冻干燥处理对硒代蛋氨酸的保存率最高，其次是真空干燥和热风干燥，硒代蛋氨酸的保存率可达 80％以上，而喷雾干燥硒代蛋氨酸的损失率达到 30％～40％，这主要是因为喷雾干燥处理需要将毛豆打浆，在喷雾干燥机中蛋白液滴呈雾状分布，与热风接触面积较大，造成硒代蛋氨酸的热降解。

毛豆各种处理总硒的保存率与硒代蛋氨酸的保存率变化规律基本一致。以烫漂后的总硒含量为分母计算，冷冻干燥后总硒的保存率为 97％～100％，真空干燥总硒的保存率约为 94％～96％，热风干燥总硒的保存率约为 92％～95％，相对于甘蓝干燥工艺，毛豆中的含硒组分比较稳定，这可能和毛豆籽粒比较致密、硒代蛋氨酸主要以蛋白结合形态存在有关，因此硒的损失相对较小。因此可以看出，喷雾干燥因液滴接触空气面积较大，可能会造成有机硒的较大损失，选择适当的加工工艺对于提高产品中硒的保存率是很关键的。

八、产品储藏过程对硒保存率的影响

在产品储藏过程中，虽然各样品都已经过灭酶处理，但是样品中的硒含量仍然有一定的降低，结果可见图 7 - 13 和图 7 - 14。

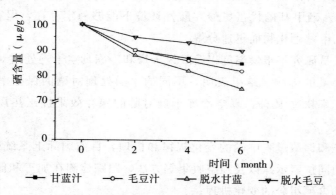

图 7 - 13　常温保藏过程中甘蓝和毛豆产品中硒含量的变化

从图 7 - 13 和图 7 - 14 可以看出，在常温保存过程中，脱水甘蓝的硒降解率最大，脱水毛豆的硒降解率最小，而毛豆汁的硒降解率却大于甘蓝汁，说明产品的形态对于硒的影响是非常重要的。在低温储藏的条件下，各种产品中硒的降解速度显著降低，其中仍然以脱水毛豆的硒降解率最小。本试验还对储藏于－35 ℃ 低温冰箱中的脱水甘蓝、脱水毛豆和新鲜毛豆、新鲜甘蓝进行了硒的测定，发现在－35 ℃ 低温下，各样品经过 6 个月的储藏，硒的含量没有明显变化，这说明在储藏过程中硒的降解属于热不稳定的非酶反应。

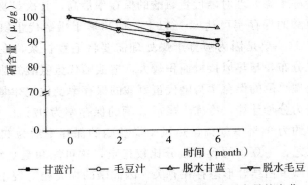

图 7-14　冷藏过程中甘蓝和毛豆产品中硒含量的变化

　　有研究人员在比较了在不同的酸性介质、温度条件及不同材质的保存器皿中硒化物的稳定性后指出，在溶液中存在的氯化物可稳定四价硒和六价硒。同时样品酸化会对非挥发性硒类有机化合物的形态产生影响。在 pH 为 2.0 的盐酸溶液中，各样品放置在-20 ℃的容器中 12 个月，硒酸盐的稳定性高于亚硒酸盐，对于稳定性来说，特氟隆＞聚乙烯＞聚丙烯，而对酸度而言，稳定性 pH 2.0＞pH 4.0＞pH 8.0。硒甲基硒代蛋氨酸在酸性环境下能够稳定存在，但在 pH 为 8.0 时，会形成二甲基硒化物而迅速分解。

　　有研究人员研究了干燥温度以及鼓风干燥和冷冻真空干燥处理对富硒大葱总硒和有机硒含量的影响。结果表明，不同的干燥处理对硒的保存率有明显的影响，硒的损失率超过 15％，真空冷冻干燥对硒的保存效果优于热风干燥，与本研究结果一致。

　　关于加工和储藏过程中硒的变化规律和机理，目前国际上系统研究仍较少，今后可以采用同位素示踪以及顶空收集等方法，跟踪检测在加工和储藏过程中硒的降解规律和含硒组分的变化机理。

　　将新鲜的甘蓝和毛豆在-4 ℃条件下冷藏 4 周，甘蓝和毛豆中硒的含量会随着时间的延长而减少。在第 1 周甘蓝和毛豆的硒降解速率都较高，而第 2～3 周硒的降解速率较低，到第 4 周降解速率又升高，其中甘蓝的降解速率升高的更明显。其中，高硒甘蓝经过 4 周的储藏硒含量会降低 30％左右，而低硒甘蓝硒的降解率为 20％，毛豆中硒的损失率较低，约为 13％。这说明蔬菜中的含硒组分不仅是热不稳定的，而且还受酶促作用的影响。

　　毛豆烫漂过程中硒的损失远小于甘蓝在烫漂过程中的损失，毛豆在烫漂

280 s 后硒的保存率仍然在 85％ 以上，这可能是因为豆粒表面有致密的豆皮的保护。另外毛豆中的硒组分主要以硒代蛋白质的结合形式存在，因此不容易溶出。毛豆蛋白水解过程中，蛋白酶 K 的添加量为 100 mg/L 时样品可以达到理想的分解率。

毛豆脱水工艺中冷冻干燥处理对硒代蛋氨酸的保存率最高，其次是真空干燥和热风干燥，硒代蛋氨酸的保存率可达 80％ 以上，而喷雾干燥因接触空气面积较大，造成有机硒的损失较大，硒代蛋氨酸的损失率达到 30％～40％。

对甘蓝进行烫漂和调味处理能减少褐变，较好地保持产品的色泽。烫漂工艺选择 pH 为 9.0，温度为 95 ℃，烫漂时间为 60 s，能较好地保持甘蓝的色泽、维生素 C 和硒含量。

甘蓝制汁过程中，采用纤维素酶处理后，硒的提取率得到一定提高，而出汁率经过测定可提高 15％～16％，杀菌工艺对甘蓝汁中硒含量影响不大。

不同的脱水工艺中甘蓝硒的降解速率不同，相对来说，冷冻干燥对有机硒的保存率最高，而热风烘干造成的有机硒损失率最大。烫漂后甘蓝细胞内外物质迁移和热传递的阻力降低，热降解加快；调味过程能降低甘蓝组织水分活度，降低硒的降解损失。热风烘干过程中对于硒的降解，温度和时间均为极显著的影响因素，而且时间的影响要大于温度的影响。

在常温保存过程中，脱水甘蓝的硒降解率最大，脱水毛豆的硒降解率最小，而毛豆汁的硒降解率却大于甘蓝汁，说明产品的形态对于硒的影响是非常大的。在低温储藏的条件下，各种产品中硒的降解速度显著降低，其中仍然以脱水毛豆的硒降解率最小。研究发现，在 −35 ℃ 低温下，各样品经过 6 个月的储藏，硒的含量没有明显变化，说明硒的降解属于热不稳定的非酶反应。

参考文献

[1] 张安宁. 胡萝卜富硒特性及硒的分布形态研究 [D]. 沈阳：辽宁大学，2016.

[2] 陈晞. 富硒蔬菜中重金属拮抗作用和元素形态分析研究 [D]. 济南：山东大学，2014.

[3] 谢文文. 芸薹属主要蔬菜作物富硒比较研究 [D]. 重庆：西南大学，2016.

[4] 刘佳文. 简析富硒蔬菜研究现状 [J]. 天津农业科学，2018.

[5] 丁军. 富硒蔬菜中硒及农药残留含量的测定 [J]. 科技创新与应用，2012.

[6] 杜小凤，万鹰昕，王禹涵，等. 富硒蔬菜及富硒机理研究进展 [J]. 北方园艺，2015.

[7] 张保良. 无公害蔬菜农药使用存在的问题及对策 [J]. 农业与技术，2018.

[8] 孟丽丽. 绿色无公害蔬菜的种植与管理 [J]. 农业与技术，2018.

[9] 周方梅，程蕾，程端恒，等. 无公害蔬菜种植技术的推广与应用 [J]. 吉林农业，2018.

[10] 蒙玉杰. 无公害蔬菜病虫害防治中存在的问题及其对策分析 [J]. 南方农业，2018.

[11] 徐安鹏，翁贵英，林艳，等. 贵州水城小黄姜硒含量及对硒的富集能力 [J]. 六盘水师范学院学报，2017.

[12] 潘绍坤，鲁荣海，向娟，等. 不同浓度硒处理对茄子幼苗生理特性及硒富集的影响 [J]. 北方园艺，2018.

[13] 杨会芳，梁新安，常介田，等. 叶面喷施硒肥对不同蔬菜硒富集及产量的影响 [J]. 北方园艺，2014.

[14] 李瑜，张百忍，刘运华，等. 马铃薯对硒的吸收及生物富集规律 [J]. 中国马铃薯，2013.

[15] 陈玉珍，白音达来，贾立国，等. 富硒蔬菜的研究意义及其开发利用现状 [J]. 北方园艺，2018.

[16] 尚文艳，许志兴，吴昊，等. 燕山北部富硒胡萝卜高产栽培管理 [J]. 特种经济动植物，2018.

[17] 邵树勋，Mihaly Dernovics，邓国栋，等. 湖北恩施天然富硒豆角中发现抗癌硒化合物 [J]. 矿物学报，2013.

[18] 王晋民，谭大凤，王艳萍，等. 外源硒对胡萝卜生理生化特性、富硒性及其产量的影响 [J]. 青海师范大学学报（自然科学版），2007.

[19] 李红君，肖伟，徐军. 高钙富硒黄瓜的生产与病虫害管理技术 [J]. 长江蔬菜，2018.

[20] 黄光昱，周迎红，陈永波，等. 马铃薯、黄瓜施用生物有机肥和复合微生物菌剂的富硒效果 [J]. 湖北农业科学，2013.

[21] 赵长盛，刘静，程燕. 济南常见市售富硒蔬菜中硒的分布及风险评价 [J]. 中国果菜，2018.

[22] 邓正春，戴卫军，汤小明，等. 富硒茄子优质高产栽培技术 [J]. 湖南农业科学，2011.

[23] 姜心禄，李旭毅，吴朝华，等. 富硒辣椒生产技术与产业化实践 [J]. 耕作与栽培，2015.

[24] 吴仕明. 富硒辣椒高产栽培技术 [J]. 农民致富之友，2015.

[25] 邢丹英，金明珠，胡蔚红，等. 不同硒源对韭菜富硒效果的初步研究 [J]. 湖北农业科学，2010.

[26] 刘军，刘春生，史庆华，等. 新型富硒肥料对韭菜生长及品质的影响 [J]. 中国农学通报，2011.

[27] 黄雪梅，岳顺念，王琦瑞. 不同浓度亚硒酸钠对水培生菜富硒品质的影响 [J]. 广东农业科学，2018.

[28] 杜登科，邓正春，吴仁明. 结球生菜富硒生产关键技术 [J]. 湖南农业科学，2013.

[29] 赵占军，赵晓梅，杨淑英，等. 基质施硒对生菜富硒效果及品质的影响 [J]. 山西农业科学，2013.

[30] 都昌杰，郭艳军. 绿色食品富硒茼蒿生产 [J]. 农民致富之友，2002.

[31] 杜登科，邓正春，吴仁明. 结球生菜富硒生产关键技术 [J]. 湖南农业

科学，2013.

[32] 侯天荣，何华婷. 施用外源硒对生姜富硒性及其品质产量的影响 ［J］. 农技服务，2017.

[33] 何锡文. 富硒生姜生态种植技术 ［J］. 安徽农学通报，2016.

[34] 冯燕. 生姜强化营养富硒技术研究 ［J］. 中国果菜，2010.

[35] 邓正春，吴平安，吴勇，等. 山药富硒生产技术 ［J］. 作物研究，2012.

[36] 邓正春，刘克勤，吴平安，等. 富硒莲藕优质高产栽培技术 ［J］. 中国农技推广，2011.

[37] 武新娟. 马铃薯富硒栽培研究进展 ［J］. 中国马铃薯，2017.

[38] 杨德平. 马铃薯聚硒特性研究 ［J］. 安徽农业科学，2017.

[39] 姜波，张晓莉，任珂，等. 硒肥对马铃薯硒含量及产量的影响 ［J］. 中国马铃薯，2017.

[40] 莫海珍，赵功玲，余燕. 富硒甘蓝的降糖功效研究 ［J］. 资源开发与市场，2013.

致　谢

本书的顺利出版，首先要感谢河北优盛文化传播有限公司和东北师范大学出版社，是在他们一步一步的指导和修改下完成的，没有他们的帮助和支持，就没有本书的顺利出版和发行。本书的顺利出版，离不开玉林师范学院的全体校领导、科研处、农学院的支持和帮助，谢谢你们，给我们提供充足的时间和精力来完成本书。

本书的出版，获得广西驱动创新重大专项（编号：桂科 AA17202037）广西特色富硒果蔬标准化生产技术研究与应用、广西重点研发计划（编号：桂科 AB16380164）木薯发酵渣富硒高钙有机肥研发与应用、广西高校农业硕士培育项目、广西高校特色专业建设专项经费、玉林师范学院重点学科建设经费等的资助，在此表示感谢！

本书的顺利完成，是玉林师范学院富硒功能农业团队全体成员的科学研究和写作的结晶，他们为刘永贤、黄维博士、刘召亮博士、朱宇林博士、张玉博士、刘强博士、牛俊奇博士、任振新博士、吕其壮博士等。

在本书出版的过程中，受到国际硒研究协会秘书长尹雪斌博士、副秘书长袁林喜博士，中国科学院亚热带农业生态研究所李德军博士，北部湾大学滨海富硒功能农业研究院院长尹艳镇博士等的指点和帮助，在此一并致谢！